小创客的趣味世界

（入门篇）

林祝亮　著

北京邮电大学出版社
www.buptpress.com

内 容 简 介

本书以自主研发的开源套件(Arduino)和米思齐(Mixly)图形化编程语言为载体,依托生动有趣的互动式故事,结合 STEAM(Science、Technology、Engineering、Arts、Mathematics)的教学理念,以工程思维的思想设计贴近于生活的创意项目,由浅入深地向读者展示程序设计的基本思维和方法。本书融入电子技术和传感器的基础知识,以项目化教学的方法培养青少年应用多个学科知识解决问题的能力。

本书将 Arduino 控制器与 Mixly 软件相结合,设计了智能小夜灯、计时器、家用报警器、遥控风扇、电子储蓄罐 5 个项目以及 30 个子任务的案例,以强化青少年的逻辑思维能力,培养其创新精神、实践动手能力和团队协作意识。本书具有丰富的教学资源,包含教学课件、作品功能展示视频、作品结构组装视频、思考题参考程序。本书内容丰富实用,以项目为载体、任务驱动的方式帮助青少年循序渐进地学习,不但适合对机器人编程有兴趣的青少年阅读,也可作为中小学科技竞赛指导、培训学校的教材或参考书。

图书在版编目(CIP)数据

小创客的趣味世界. 入门篇 / 林祝亮著. -- 北京：北京邮电大学出版社，2019.11
ISBN 978-7-5635-5894-0

Ⅰ. ①小… Ⅱ. ①林… Ⅲ. ①电子器件—制作—青少年读物 Ⅳ. ①TN-49

中国版本图书馆 CIP 数据核字(2019)第 235138 号

书　　　名：小创客的趣味世界(入门篇)
作　　　者：林祝亮
责 任 编 辑：徐振华　　王小莹
出 版 发 行：北京邮电大学出版社
社　　　址：北京市海淀区西土城路 10 号(邮编：100876)
发 行 部：电话：010-62282185　传真：010-62283578
E-mail：publish@bupt.edu.cn
经　　　销：各地新华书店
印　　　刷：保定市中画美凯印刷有限公司
开　　　本：787 mm×1 092 mm　1/16
印　　　张：14.25
字　　　数：374 千字
版　　　次：2019 年 11 月第 1 版　2019 年 11 月第 1 次印刷

ISBN 978-7-5635-5894-0　　　　　　　　　　　　　　　　　定　价：68.00 元

编 委 会

杨智栋　浙江永康市王慈溪小学

叶剑斌　浙江师范大学行知学院

陈伟强　浙江师范大学

童红东　浙江省兰溪市官塘中心小学

方倩华　浙江省兰溪市城北中心小学

宋顺南　浙江省兰溪市第三中学

徐敬生　浙江省兰溪市教育局教研室

余国罡　浙江省杭州市胜利实验学校

孙广斌　浙江省武义县壶山小学

杨　瑶　浙江省金华市西苑小学

陈正济　浙江省苍南县龙港镇潜龙学校

梅方会　浙江省三门县海游街道中心小学

杨　静　浙江省金东区孝顺镇中心小学

郝丹丹　浙江省杭州市富阳区富春第四小学

陈　安　安徽省合肥滨湖寿春中学

王　乐　河南省郑州市郑东新区龙翼小学

林良勤　浙江金华纳诺信科技有限公司

许杭斌　浙江省龙泉市中等职业学校

徐　帆　浙江省金华市金东区曙光小学

楼韵佳　浙江师范大学(教育学研究生)

张晓敏　浙江师范大学(教育学研究生)

肖春水　浙江师范大学行知学院

曾晓丽　浙江温州市瑞安市云周周苌小学

徐张利　浙江师范大学(本科生)

周斌斌　浙江省嘉兴技师学院

赵　慧　浙江师范大学(教育学研究生)

刘　益　浙江师范大学(教育学研究生)

王婷婷　浙江师范大学(教育学研究生)

趣做小创客

林老师的书稿令我回忆起与他初次见面的场景。那是在浙江师范大学行知学院举行的一次会议上，我介绍完米思齐的教育理念和教育生态后，林老师与我谈起自己使用米思齐软件开展教学的经验。一直以来，他始终关注着米思齐软件的更新，并致力于该软件在中小学中的推广，且取得了不错的效果。我是浙江金华人，在他乡工作多年，为家乡的创客教育所做的工作远远没有林老师做得多，做得好。

创客教育提倡让学生通过创新实践与创意分享来实现自我价值的认同。创新和分享是相互促进的，创新的作品在分享时能够得到更多的认同，而这一认同感会促进作者的持续创新。但是，这样的教育理念对于创客指导用书的编写却是一个巨大的挑战。指导用书选定的案例第一要满足扩展学生能力的需要，让不同的学生做出不同的创新；第二要满足可操作的需要，让每个学生都能完成一个作品（即使是通过模仿完成的，不然学生毫无成就感，更不会去思考创新了）；第三要满足学生兴趣的需要，让学生有内在动力去做出作品。

林老师的书在以上种种方面颇有特色，把兴趣、开源、生活、创新、协作有机地整合在一起，能激励学生在快乐中不断完成创新实践与协作分享。

兴趣：兴趣是最好的老师。本书以耳熟能详的有趣故事作为导入，快速激发孩子们的学习兴趣，帮助青少年激发学习热情，快速进入创客实践。

开源：创客教育离不开创客器材，但并不是贵的器材才是好的器材。本书具有普适性，全部选用开源器材和开源软件来实现全部案例，力图让学习者用得起，而且用得好。

生活：教育即生活，学习是一个学于生活、用于生活的过程。本书所有创客项目的设计来源于日常生活，服务于日常生活，让学生在实践中习惯从生活中发现问题、解决问题。

创新：授人以鱼，不如授人以渔。本书通过引导学生的动手实践让学生掌握必备技能，并激励他们在本书项目的基础上完成扩展，实现属于自己的创新。

协作：人心齐，泰山移。一个优秀创意作品的设计与完成需要经过头脑风暴构思想法、分工合作完成构想、反复试验完善作品等过程，本书的多个环节都体现出学生自发协作的理念。

通读全书后，我认为，这是一本包含 30 个创客任务的大作，也是一本引领学生走上创客之路的大作。希望本书的读者们开心地用好本书，顺利地学完本书，并且最终享受到创新与分享给自己带来的快乐。

傅骞于北京师范大学

前　言

　　创客运动席卷全球,创客教育方兴未艾。创客教育是基于学生兴趣,以项目学习为主要方式,以创意制作与开源分享为特征的综合实践教育。本书以米思齐(Mixly)开源软件和自主研发的 Arduino 开源套件为载体,强调多学科知识和技能的整合,可用于实施创客教育和STEAM 教育。

　　本书共分为五个项目。本书在进行项目学习之前,利用"走进 Arduino 的世界"这部分内容,详细介绍了 Mixly 软件的下载安装和编程环境、Arduino 核心扩展板和硬件驱动安装、项目团队自主研发的开源套件等内容。本书的项目一名为"光亮掌控者——智能小夜灯"。该项目制作的小夜灯以 LED 为核心,实现了闪烁、呼吸、光控、声控等功能。学习者可以综合应用LED、按钮、旋钮、环境光传感器、模拟声音传感器等器件,最终实现智能小夜灯的设计和制作。本书的项目二名为"时间管理者——计时器"。该项目包括数码管的工作原理、蜂鸣器控制、模拟掷骰子、电子音乐播放等内容,以帮学习者巩固控制蜂鸣器的相关编程语句,并让学习者学会设计和制作计时器。本书的项目三名为"家庭守护者——家用报警器"。该项目包括振动传感器、火焰传感器等内容,让学习者实现模拟报警声、火灾预报、防盗报警器等任务,最终完成防火防盗的家用报警器制作。本书的项目四名为"凉意散播者——遥控风扇"。该项目在借鉴智能风扇的基础上,提出实现换挡、调速、遥控等功能的风扇,以在问题解决的过程中帮学习者巩固电机、舵机、温湿度传感器等知识。本书的项目五名为"财富管理者——电子储蓄罐"。在该项目中,学习者可以基于生活案例进行创新性方案构思,并结合舵机模块、灰度传感器模块、蜂鸣器模块和红外遥控套件等,迭代深入探讨,最终制作出实用的电子储蓄罐,并能够对已有物品进行改进与优化。

　　本书是作者的技术团队和课程开发团队成员共同努力的成果。技术团队人员为林良勤、王燕红、徐张利、余泽杭等人,课程开发团队人员为陈安、王乐、楼韵佳、杨静、郝丹丹、余春燕、张晓敏、林舒亚等人。他们为本书的研究做了大量的开发、实践和整理工作,作者以他们为荣,同时表示感谢。

本书适合作为一线教师开展创客教育和 STEAM 教育的指导用书，也适合作为中小学校本课程用书。针对不同专业背景的学生，本书还可作为基本编程入门书籍。书中附带的教学资源可在网站 http://www.buptpress.com/上下载。

本书内容在金华市金东区曙光小学、金东区塘雅镇中心小学、金华含香中心学校等付诸实践，在此作者衷心感谢金东区教育局教研室主任方远密、金华市青少年科技教育协会秘书长汪利民、曙光小学校长张根兵的指导和帮助。本书在编撰的过程中若有疏漏，恳请读者批评指正。作者希望通过本书激发更多的青少年喜欢编程、热爱创造，培养具有"开物成务"智慧的新一代创客。

林祝亮于浙江师范大学

（联系邮箱：515374233@qq.com）

目　　录

走进 Arduino 的世界 ·· (1)

项目一　光亮掌控者——智能小夜灯 ··· (9)

　　任务 1　一闪一闪亮晶晶 ·· (12)

　　任务 2　天使的手指 ··· (17)

　　任务 3　白天到黑夜 ··· (23)

　　任务 4　忽明忽暗像呼吸 ·· (27)

　　任务 5　光明的使者 ··· (34)

　　任务 6　声音的天使 ··· (40)

　　任务 7　给灯一个家 ··· (45)

　　任务 8　光亮掌控者 ··· (54)

项目二　时间管理者——计时器 ·· (60)

　　任务 1　幸运的你 ·· (63)

　　任务 2　小偷的天敌 ··· (70)

　　任务 3　小小歌唱家 ··· (75)

　　任务 4　时间老人的躺椅 ·· (82)

　　任务 5　时间管理者 ··· (88)

项目三　家庭守护者——家用报警器 ··· (95)

　　任务 1　警笛呼啸 ·· (98)

　　任务 2　火灾预报 ··· (103)

　　任务 3　震动的管家 ·· (108)

　　任务 4　家庭警察的外衣 ·· (114)

　　任务 5　家庭守护者 ·· (122)

项目四　凉意散播者——遥控风扇 ·················· （129）

　　任务 1　转动的源泉 ·················· （132）

　　任务 2　速度调节器 ·················· （137）

　　任务 3　速度的阶梯 ·················· （143）

　　任务 4　会拒绝的风扇 ·················· （149）

　　任务 5　智能抽湿机 ·················· （155）

　　任务 6　风车的领地 ·················· （161）

　　任务 7　凉意散播者 ·················· （170）

项目五　财富管理者——电子储蓄罐 ·················· （180）

　　任务 1　优秀的小会计 ·················· （183）

　　任务 2　眼尖的侦测家 ·················· （189）

　　任务 3　尽职的护卫 ·················· （194）

　　任务 4　我的小金库 ·················· （201）

　　任务 5　财富管理者 ·················· （211）

参考文献 ·················· （218）

走进 Arduino 的世界

 认识 Mixly

1. 输出"hello world"

(1) C 语言

利用 C 语言输出"hello world"的程序如下：

```c
# include <stdio. h>
int main(){
    printf("hello world");
    return 0；
}
```

(2) C++

利用 C++输出"hello world"的程序如下：

```cpp
# include <iostream>
# include <stdio. h>
int main{
    std：：cout << "hello world" << std：：endl；
    return 1；
}
```

(3) Python

利用 Python 输出"hello world"的程序如下：

```python
print ("hello world")
```

(4) VB

利用 VB 输出"hello world"的程序如下：

```vb
Module Hello
```

```
        Sub Main()
            MsgBox("hello world")
        End Sub
    End Module
```

（5）Mixly

利用 Mixly（全称 Mixly_Arduino,中文名为米思齐）输出"hello world"的参考程序如图 1 所示。

图 1　Mixly 参考程序

通过比较 C 语言、C＋＋、Python、VB、Mixly 等输出"hello world"的程序语句,不难发现, Mixly 具有简洁、可视化等优点,适合程序入门者学习。

2. Mixly

（1）Mixly 安装

以 WIN 安装包为例,直接解压压缩包就可以完成 Mixly 软件安装,双击 Mixly.exe 即可打开 Mixly 软件,如图 2 所示。

图 2　Mixly 的安装

（2）Mixly 简介

Mixly 是北京师范大学教育部创客教育实验室负责人傅骞教授团队自主研发、免费开源的图形化编程工具,采用了最新的 Blockly 图形化编程引擎,其编程环境不仅有代码式,还有图形化的积木式。Mixly 具有易用性、简单性、功能性、普适性、延续性及生态性的特点。本书采用 Mixly 0.998 版本,更高版本的 Mixly 也可以打开本书教学资源中提供的源程序。Mixly 的编程环境如图 3 所示。

Mixly 软件的界面一共有五大区域,分别是模块选择区、消息提示区、程序构建区、消息提示区、系统功能区,如图 4 所示。

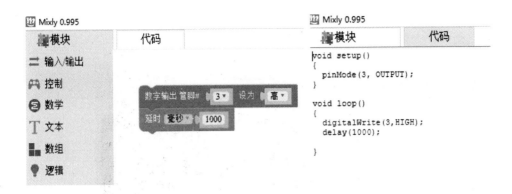

图 3　Mixly 的编程环境

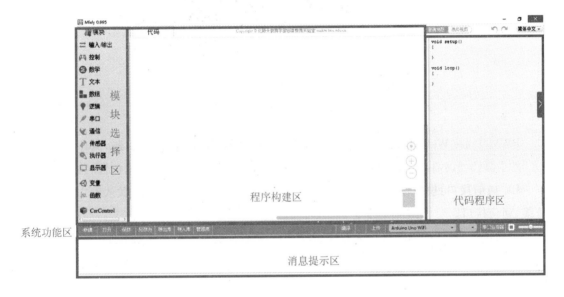

图 4　Mixly 界面布局图

1. Arduino 核心扩展板

工作电压：该板工作电压为 5 V，可由 USB 连接电脑供电，也可由 DC 插口独立供电。Arduino 核心扩展板可以提供 3.3 V 和 5 V 两种电压，也可以在 V_{in} 口提供与 DC 输入电压相同的电压输出。每一个数字引脚输出电流最大不能超过 40 mA。如果需要驱动电机、舵机等对功率有要求的设备，建议通过专用扩展板为设备提供电源输入，以免核心扩展板复位重启或损坏。USB 输入电流超过 500 mA 时，会自动断开 USB 连接。

数字引脚：载 14 个数字引脚（数字口 0～13）。

模拟引脚：载 6 个模拟输入端口（模拟口 0～5）。

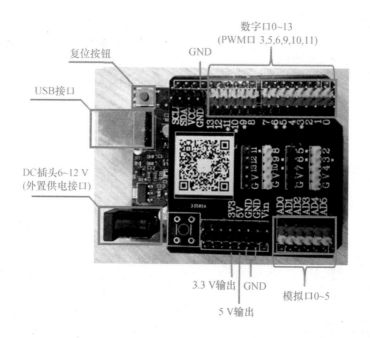

图 5 Arduino 核心扩展板

PWM(Pulse Width Modulation,脉冲宽度调制)引脚:载 14 个数字引脚,其中有 6 个标有"＊"的引脚(3,5,6,9,10,11),这些引脚可以用作 PWM 控制,实现类似模拟信号的输出效果。

IIC 通信接口:模拟输入引脚中的 A4 和 A5 是 Arduino 核心扩展板默认的 IIC(集成电路总线)通信接口。

中断接口:默认的中断接口为数字引脚 2、3,它们分别对应中断序号 0、1。

2. Arduino 硬件驱动安装

(1) 所需材料

Arduino 核心扩展板、数据线。

(2) 安装步骤

步骤 1:将数据线与 Arduino 核心扩展板相连,之后将数据线的另一端连入计算机,如图 6 所示。

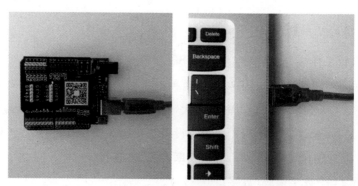

图 6 数据线与 Arduino 核心扩展板的连接

步骤 2：如果 Mixly 中的系统功能区没有自动识别出 Arduino 的主板型号和端口号，则需要自己手动安装驱动，主板型号通过图 7 所示的下拉菜单选择"Arduino/Genuino Uno"。

图 7　系统功能区未自动识别端口号

步骤 3：右键单击"我的电脑"→选择"管理/属性"→单击"设备管理器"→在右侧端口中右键单击"USB 串行设备"→选择"更新驱动程序软件"→在弹出的窗口中选择"浏览计算机"，定位到刚才解压得到的 Mixly 文件夹→选择"arduino-1.8.2→drivers→x86"，并按安装程序的提示完成驱动程序安装。

步骤 4：返回 Mixly 软件。一般情况下能自动识别出 Arduino 的主板型号和端口号，如果没有自动识别，则右键单击"我的电脑"→选择"管理/属性"→单击"设备管理器"→在右侧端口中单击"端口"，即可出现端口号（如图 8 所示）。同时，打开 Mixly 编程软件，选择对应端口号（如图 9 所示），即可正常使用 Mixly 编程软件。

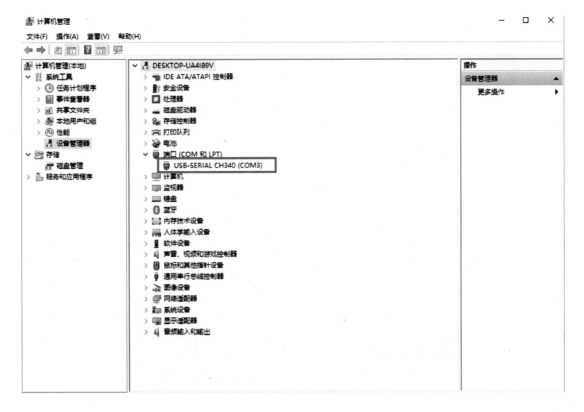

图 8　计算机设备管理器的端口号

图 9　Mixly 编程软件端口号选择

（3）测试驱动

上传一个小程序进行测试。单击"打开"，找到提供的测试程序。在确保主板型号和端口号正确之后，编译上传，向 Arduino 核心扩展板中写入程序。待上传完成后观察效果。

创客套件

Arduino 核心扩展板

LED 模块

环境光传感器模块

数码管模块

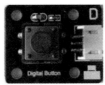

按钮模块

声音传感器模块

火焰传感器模块

旋转角度传感器模块

蜂鸣器模块

温湿度传感器模块

灰度传感器模块

红外接收模块

振动传感器模块

电机模块

红外遥控器

数据线

舵机模块

创客初级套件

课后活动

（1）在网上查阅《Mixly速查手册》，熟悉Mixly软件的各模块功能。

（2）熟悉课程套件，能快速识别并说出模块名称及用途。

项目一 光亮掌控者——智能小夜灯

西汉时期,有一个特别有学问的人,他的名字叫匡衡。匡衡小的时候家境贫寒,白天他必须要干很多活,以挣钱糊口。只有到晚上,他才能坐下来安心读书。匡衡勤奋好学,往往到了夜晚也还在读书,但家贫买不起蜡烛。他知道邻居家有蜡烛,但蜡烛的光亮照不到他家。为了读书,匡衡就在墙壁上凿了洞,以引来邻居家的光亮,这样就可以让光照在书上。

小匡衡长大后学有所成,在汉元帝时期,由大司马、车骑将军史高推荐,被封为郎中、迁博士,终成一代文学家。

如果我们作为小匡衡的邻居,我们可以为他做点什么呢?

任务介绍

智能小夜灯工作视频

本项目是跨领域、跨科目的综合性项目。小夜灯灯光柔和,在茫茫黑暗中,具有指引照明的作用,同时具有一灯多用之功能。本项目制作的智能小夜灯将以 LED 为核心,实现闪烁、呼吸、光控、声控等功能。学习者在任务中学习 LED 的控制方法,以及环境光传感器、声音传感器、按钮及旋转角度传感器的工作原理,并学习控制灯光明亮程度的方法。

核心素养

1. 技术意识

(1) 形成对电子创客世界的基本观念,形成操作的安全技术规范意识。

(2) 能根据所学知识,理解 LED、声音传感器、环境光传感器、按钮、旋转角度传感器的基本特性和工作原理,建立这些电子器件与现实生活的有机联系,并能主动适应技术文化。

(3) 理解智能小夜灯对人类生活的影响,并能积极主动地动手操作。

2. 工程思维

(1)能够认识各模块与各任务之间、各内部结构与各外部模块之间的联系。

(2)能运用系统分析的方法,利用声音传感器、环境光传感器、按钮、旋转角度传感器等电子器件的特性控制 LED,完成相应作品。

3. 创新设计

(1)能够在完成闪烁 LED、呼吸灯、光控灯、声控灯等简单任务的基础上,提出符合设计原则且具有一定创造性的构思方案。

(2)能综合各方面因素进行分析,对设计方案加以优化。

4. 图样表达

(1)能够识读程序流程图等常见的技术图样。

(2)能用技术语言实现有形与无形、抽象与具体的思维转换。

5. 物化能力

(1)知晓 LED、环境光传感器、声音传感器、按钮和旋转角度传感器的属性和使用方法,并通过完成任务得到一定的操作经验和感悟。

(2)能独立完成智能小夜灯的任务以及拓展提升任务,具有较强的动手实践与创造能力。

本项目采用的模块清单

Arduino核心扩展板

LED模块

环境光传感器模块

按钮模块

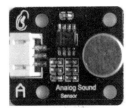

声音传感器模块

旋转角度传感器模块

数据线

任务背景：让自己家的灯闪烁起来,提示匡衡可以向我们借一盏灯。

任务1　一闪一闪亮晶晶

图1.1.1　公交车站牌的LED

天上的星星,地上的灯。

地上的灯在眨眼睛。

LED就像一闪一闪亮晶晶的小星星。

让我们一起去探索LED的奥秘吧!

LED是一个小型电子零件,如同灯泡般可以发光。它在日常生活中广泛应用于LED显示器、交通信号灯、汽车灯、手机键盘、数码相机闪光灯、装饰照明、路灯和普通照明等。公交车站牌的LED如图1.1.1所示。闪烁LED是Arduino初学者学习的第一个程序,我们可以用它来测试Arduino核心扩展板是否有故障,通常这是学习微型处理器程序设计的一个练习。

学习目标

（1）学会正确下载、安装、使用Arduino驱动。

（2）知道Arduino核心扩展板及其编程环境,熟悉Mixly软件编程的过程、结构和语句。

（3）学会控制LED模块与Arduino核心扩展板的接线与端口输出。

（4）实现LED亮灭交替。

学习内容

1. LED模块

发光二极管的简称是LED(其符号如图1.1.2所示),它是一种能将电能转化成光能的半导体二极管,很低的电压或很小的电量就能使它工作。常用的 LED 可以发出不同的颜色,如红光、绿光、黄光等。LED 有两个引脚,长脚为正极,短脚为负极,如图 1.1.3 所示。LED 的亮灭由 Arduino 输出高低电平来控制。

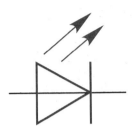

图 1.1.2　LED 符号

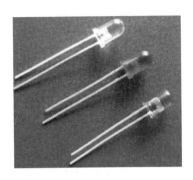

图 1.1.3　LED 实物

LED 模块端口的输出有两种情况:0(低电平)和 1(高电平)。我们既可以直接读取端口的值,也可以直接给它输入一个值。当我们给端口一个高电平时,LED 点亮;当我们给端口一个低电平时,LED 熄灭。

食人鱼 LED 是一种正方形的,采用透明树脂封装,有四个引脚,在负极处有个缺脚,如图 1.1.4 所示。

图 1.1.4　食人鱼 LED

2. 热身任务——点亮一盏灯(难度:★)

(1) 任务描述

点亮一个 LED。

(2) 硬件搭建

LED 模块与 Arduino 核心扩展板的连接如图 1.1.5 所示。LED 模块与 Arduino 核心扩展板的连接接口如表 1.1.1 所示。

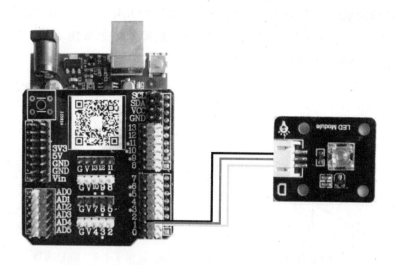

图 1.1.5　LED 模块与 Arduino 核心扩展板的连接

表 1.1.1　LED 模块与 Arduino 核心扩展板的连接接口

模块	控制器接口	控制说明
LED 模块	数字口 2	高电平点亮 LED

（3）程序设计

点亮一个 LED 的参考程序如图 1.1.6 所示。

图 1.1.6　点亮一个 LED 的参考程序

3. 基础任务——制作闪烁 LED(难度:★★)

（1）任务描述

使 LED 亮灭交替,周期为 1 s,亮 0.5 s,灭 0.5 s。

（2）硬件搭建

此处 LED 模块与 Anduion 核心扩展板的连接仍如图 1.1.5 所示。

（3）程序设计

当给端口一个高电平时,LED 点亮,持续 500 ms;当给端口一个低电平时,LED 熄灭,持续 500 ms。闪烁 LED 的参考程序如图 1.1.7 所示。

> 周期是指事物在运动、变化过程中,某些特征多次重复出现的,其连续两次出现所经过的时间。

图 1.1.7　闪烁 LED 的参考程序

温馨提示:1 s＝1 000 ms,1 ms＝1 000 μs。

牛刀小试(难度:★★)

LED 闪烁:周期为 3 s,亮 1 s,灭 2 s。

牛刀小试的程序图片

　拓展提升　(难度:★★★)

莫尔斯电码(又译为莫斯密码)发明于 1837 年,是一种时通时断的信号代码,通过控制电信号长短来发送表示英文字母或数字的信息。除了用于配合发报机和通信天线,摩尔斯电码还可以用来发电报,以及用手键"嘀嘀嘀 嗒嗒嗒 嘀嘀嘀"来发送 SOS,即用手键按三下短的、三下长的、三下短的。表 1.1.2 是英文字母的莫尔斯电码表。

拓展提升的程序图片

表 1.1.2　英文字母的莫尔斯电码表

字符	电码符号	字符	电码符号	字符	电码符号	字符	电码符号
A	. —	B	— . . .	C	— . — .	D	— . .
E	.	F	. . — .	G	— — .	H	. . . .
I	. .	J	. — — —	K	— . —	L	. — . .
M	— —	N	— .	O	— — —	P	. — — .
Q	— — . —	R	. — .	S	. . .	T	—
U	. . —	V	. . . —	W	. — —	X	— . . —
Y	— . — —	Z	— — . .				

我们可以发现,SOS 的莫尔斯电码可以表示为". . . — — — . . .",其中,点(·)表示一个基本电信号,而横(—)通常表示点的三倍时间长度。我们把这些信号通过 LED 闪光的方式来发送。

是不是很有趣呢? 赶快来设计一个用 LED 发送"SOS 求救信号"的程序。

课堂评价

创新能力大比拼	★★★	★★	★★
创新意识之星			
创新知识之星			
创新思维之星			
创新技能之星			

 课后活动

（1）将制作的闪烁 LED 成果进行分享，告诉大家是如何制作的。

（2）编写一段程序，让 LED 越闪越快。

课后活动 2 的程序图片

任务背景：古时县里有个名叫文不识的人，他家中富有，有很多书。匡衡到他家去做雇工，但不要报酬，只希望读遍他家的书。文不识为匡衡的好学举动所动容，这一天他送给匡衡一盏能用按钮控制亮灭的灯。

任务 2　天使的手指

"天使的手指"是一扇门，打开新奇世界；"天使的手指"是一扇窗，关掉嘈杂世界。这一开一关全凭"天使的手指"。其实，我们每个人都有"天使的手指"。

"天使的手指"是本项目的第二个任务名称。经过学习，我们已经熟悉了 LED 的工作原理，掌握了 Arduino 核心扩展板的编程环境及其驱动方式，学会了 LED 与 Arduino 板的端口输出控制。按钮（如图 1.2.1 所示）是我们接触的第一个输入设备，具有按下（高电平）和抬起（低电平）两种状态，默认状态为抬起。生活中的按钮无处不在，遥控器、计算器、手机、计算机等各种电子设备上都有用到按钮。

图 1.2.1　按钮

学习目标

（1）了解按钮模块的工作原理，学习和掌握编程软件的选择结构，学会控制 Arduino 核心扩展板端口的输入。

（2）编写相关程序，完成按钮模块、LED 模块与 Arduino 核心扩展板的端口连接，制作按钮控制 LED。

（3）实现用按钮控制 LED，掌握学以致用的方法。

1. 按钮模块

（1）按钮介绍

按钮是一种常用的控制电器的元件。按钮的接通或断开可以控制电路的通断，进而用来控制电动机或其他电气设备的运行。我们使用的按钮模块如图 1.2.2 所示。

按钮有两种状态：按下和抬起。按钮符号如图 1.2.3 所示。按下按钮时，电路接通，LED 点亮；抬起按钮时，电路断开，LED 熄灭。这样就实现了使用按钮对 LED 亮灭的控制。

图 1.2.2　按钮模块

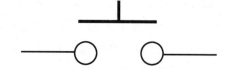

图 1.2.3　按钮符号

（2）判断语句

判断语句一般采用选择结构，如图 1.2.4 所示。如果条件满足〔即值为真（1 或 HIGH）〕，则执行模块里面的语句，否则不执行该语句。

图 1.2.4　选择结构的基本形式

（3）Arduino 核心扩展板与按钮模块的接线

因为我们使用的这款按钮模块是数字的，所以将按钮模块接在 Arduino 核心扩展板的数字口上。该按钮模块有三个引脚，它与 Arduino 核心扩展板的接线规则如下：黑线接 GND；红线接 VCC；黄线接信号口。具体接线方式如图 1.2.5 所示。按钮模块与 Arduino 核心扩展板的连接接口见表 1.2.1。

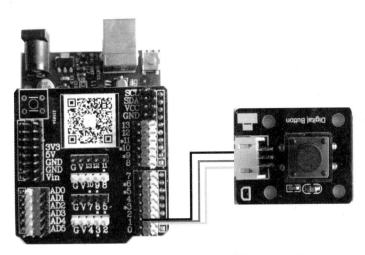

图 1.2.5 按钮模块与 Arduino 核心扩展板的连接

表 1.2.1 按钮模块与 Arduino 核心扩展板的连接接口

模块	控制器接口	控制说明
按钮模块	数字口 2	按钮按下为低电平

2. 基础任务——初步尝试用按钮控制 LED(难度:★)

(1)任务描述

按钮按下时,LED 点亮;按钮放开时,LED 熄灭。

(2)硬件搭建

按钮模块、LED 模块与 Arduion 核心扩展板的连接如图 1.2.6 所示。按钮模块、LED 与 Arduino 核心扩展板的连接接口见表 1.2.2。

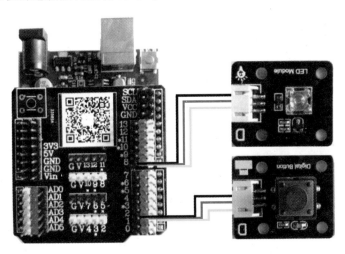

图 1.2.6 按钮模块、LED 模块与 Arduino 核心扩展板的连接

表 1.2.2　按钮模块、LED 模块与 Arduino 核心扩展板的连接接口

模块	控制器接口	控制说明
按钮模块	数字口 2	按钮按下为低电平
LED 模块	数字口 8	高电平点亮 LED

（3）程序设计

输入设备（按钮模块）向控制设备（Arduino 核心扩展板）发送信号，控制设备对信号进行处理，并控制输出设备（LED 模块）进行相应的输出工作。用按钮控制 LED 的工作流程如图 1.2.7 所示。按钮控制 LED 的参考程序如图 1.2.8 所示。

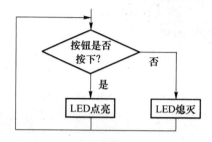

图 1.2.7　用按钮控制 LED 的工作流程

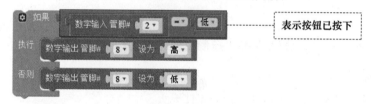

图 1.2.8　用按钮控制 LED 的参考程序

轻松一刻：简易抢答游戏

抢答器在学校开展知识竞赛活动中发挥着非常重要的作用。这样一个看似神奇的抢答器，我们可以自己制作。通过下面的游戏一起来感受一下吧！

步骤 1：请三位同学分别将手中的红色 LED、黄色 LED、绿色 LED 与按钮模块和 Arduino 核心扩展板相连。

步骤 2：通过自制的按钮抢答老师提出的问题。

小组讨论

情况 A：楼道上的灯亮了之后，过一会儿会自动熄灭。

情况 B：有一种台灯，按下按钮时，台灯便可开始照明，而在 60 s 后，台灯会自动熄灭。

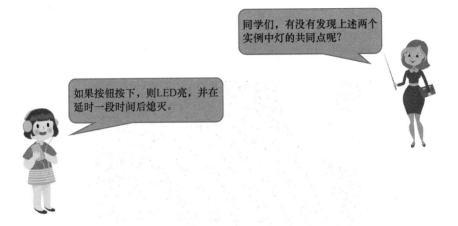

3．提高任务——使用按钮进一步控制 LED（难度：★★）

（1）任务描述

按钮按下时，LED 点亮，并在延时 3 s 后熄灭。

（2）硬件搭建

硬件搭建的方式如图 1.2.6 所示。

（3）程序设计

使用带有延时的按钮控制 LED 的工作流程如图 1.2.9 所示。使用带有延时的按钮控制 LED 的参考程序如图 1.2.10 所示。如果当前状态符合判断条件的要求，则将执行判断模块内的程序（即红色边框内的程序）；如果不符合要求，则该部分代码（红色边框程序）将会被跳过，直接执行黑色框中的程序。

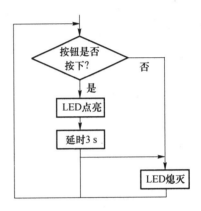

图 1.2.9　使用带有延时的按钮控制 LED 的工作流程

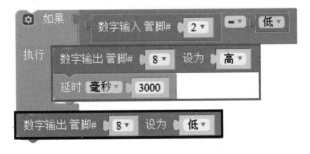

图 1.2.10　使用带有延时的按钮控制 LED 的参考程序

 拓展提升　（难度：★★★）

前面我们学习了使用按钮控制 LED，实现了用单个按钮控制单个

拓展提升的程序图片

LED 亮灭的功能。众所周知,LED 有多种颜色,如红色、绿色、蓝色等,如图 1.2.11 所示,因此,我们可以利用不同颜色的 LED 做一个彩虹灯。编写彩虹灯程序,使一个按钮可控制七个 LED 的亮灭。也就是说,当按钮按下时,红、橙、黄、绿、青、蓝、紫七个 LED 依次点亮,要求每个灯点亮的间隔时间 2 s,直至七个 LED 全亮;当按钮松开时,七个 LED 全灭。

图 1.2.11　彩虹 LED 灯

 课堂评价

创新能力大比拼	★★★	★★	★★
创新意识之星			
创新知识之星			
创新思维之星			
创新技能之星			

 课后活动

(1) 同学们相互讨论:还可以通过哪些方式控制 LED 的亮灭?

(2) 编写程序,要求实现按钮按下时 LED 熄灭,松开时 LED 点亮。

课后活动 2 的程序图片

任务背景：匡衡虽然拥有了一盏属于自己的灯,但是这盏灯只有亮灭两种状态。在夜晚,强烈的光线照得小匡衡眼睛隐隐发疼,这该如何是好?

任务 3　白天到黑夜

日出到日落和白天到黑夜是常见的、不可逆转的自然现象。然而我们可以通过旋转角度传感器让 LED 在白天和黑夜模式之间随意切换。

"白天到黑夜"是本项目的第三个任务名称。在此之前,我们已经懂得了使用按钮控制 LED 的工作原理,学会了按钮作为输入设备与 Arduino 核心扩展板的连接方法,掌握了延时程序的应用。现在的台灯大多为手动式或者按钮式,这种台灯很容易使人眼产生疲劳感。同时,用户不能控制台灯的亮暗程度,因而造成了电的浪费。下面我们来学习用旋转角度传感器控制 LED 亮度的变化。图 1.3.1 所示的是一款旋钮可调灯。

图 1.3.1　旋钮可调灯

学习目标

（1）了解旋转角度传感器模块的工作原理及应用,能够编写映射程序,完成旋钮调光。

（2）通过编写程序和制作旋转角度传感器控制 LED,完成旋转角度传感器模块、LED 模块与 Arduino 核心扩展板的端口连接,完成指定任务。

（3）探究通过其他编程方法实现用旋转角度传感器控制 LED,培养合作探究解决问题的能力。

学习内容

1. 旋转角度传感器模块

（1）旋转角度传感器介绍

旋转角度传感器内部其实是一个滑动变阻器。滑动变阻器是电学中常用器件之一,它的工作原理是通过改变接入电路部分的电阻线长度来改变电阻，从而改变电路中电流的大小。

通过调节旋转角度传感器模块（如图 1.3.3 所示）中滑动变阻器接入的电阻线长度，可改变接入电路的阻值大小。将其连接到 Arduino 核心扩展板的模拟口上，就可以将阻值作为模拟信号输入到核心扩展板上。核心扩展板根据输入值的大小，确定输出值的大小（在这里输入值大，输出值也大）。

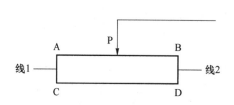

图 1.3.2　滑动变阻器元件符号　　　　图 1.3.3　旋转角度传感器模块

（2）Arduino 核心扩展板与旋转角度传感器模块的接线

我们所使用的旋转角度传感器模块输出的是模拟信号，它接在 Arduino 核心扩展板的模拟口上。接线时，请注意颜色的对应，如图 1.3.4 所示。旋转角度传感器模块与 Arduino 核心扩展板的连接接口如表 1.3.1 所示。

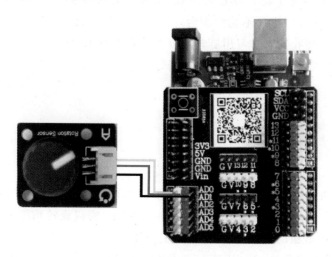

图 1.3.4　旋转角度传感器模块与 Arduino 核心扩展板的连接

表 1.3.1　旋转角度传感器模块与 Arduino 核心扩展板的连接接口

模块	控制器接口	控制说明
旋转角度传感器模块	模拟口 A0	先把 0～1023 内的数按比例转化成 0～255 间的数，再模拟输出

2. 布尔变量

布尔型变量（Boolean Variable）是有两种逻辑状态的变量，它包含两个值：真和假。如果在表达式中使用了布尔型变量，那么需将变量值的真假赋予相应的整型值（0 或 1）。如果整型值为 0,则其布尔型值为假;如果整型值为非 0,则其布尔型值为真。布尔型变量通常用于逻辑判断。

3. 映射

(1) 数学中的映射

在数学里,映射是个术语,指两个元素集之间元素相互"对应"的关系。映射在数学及相关的领域中经常等同于函数。基于此,部分映射就相当于部分函数,而完全映射相当于完全函数。

(2) 本次任务中的映射

Arduino 核心扩展板支持的模拟输入信号的范围是 0～1 023,然而实际的模拟输出范围是 0～255。因此,模拟输入的数值不能直接进行模拟输出。我们需要把 0～1 023 之间的数按比例缩小,转化成 0～255 之间的数,再进行模拟输出。旋转角度传感器中进行映射的编程方法如图 1.3.5 所示。

图 1.3.5　旋转角度传感器中进行"映射"的编程方法

4. 基础任务——利用旋转角度传感器控制 LED(难度:★)

(1) 任务描述

通过旋转角度传感器调节,让 LED 的亮度发生变化。

(2) 硬件搭建

旋转角度传感器模块、LED 模块与 Arduion 核心扩展板的连接如图 1.3.6 所示。旋转角度传感器模块、LED 模块与 Arduino 核心扩展板的连接接口如表 1.3.2 所示。

图 1.3.6　旋转角度传感器模块、LED 模块与 Arduino 核心扩展板的连接

表 1.3.2　旋转角度传感器模块、LED 模块与 Arduino 核心扩展板的连接接口

模块	控制器接口	控制说明
旋转角度传感器模块	模拟口 A0	先把 0～1 023 内的数按比例转化成 0～255 间的数，再模拟输出
LED 模块	数字口 3	高电平点亮 LED

（3）程序设计

利用旋转角度传感器控制 LED 的参考程序如图 1.3.7 所示。

图 1.3.7　利用旋转角度传感器控制 LED 的参考程序

 拓展提升　（难度：★★★）

编写程序实现：当按下按钮时，可以通过旋转角度传感器调节 LED 的亮度；当再按一次按钮时，转动旋转角度传感器，LED 亮度不受控制。

拓展提升的程序图片

 课堂评价

创新能力大比拼	★★★	★★	★
创新意识之星			
创新知识之星			
创新思维之星			
创新技能之星			

 课后活动

结合"÷"编程实现利用旋转角度传感器控制 LED 的亮暗程度。

程序思路：Arduino 的 AD（模数转换）精度是 10 位，也就是旋转角度传感器转到最大时，读出来的数字量是 0～1 023，而 Arduino 的 PWM（脉冲宽度调制）精度是 8 位，取值范围是 0～255，所以要将 1 024 对应到 256 需要除以 4。

课后活动的程序图片

任务背景：夜深了，小匡衡终于看完一本书，累得趴在书桌上睡着了。他入眠的呼吸起起伏伏，我们的小夜灯也随着小匡衡的呼吸声逐渐进入了梦乡……

任务4　忽明忽暗像呼吸

正常的成人一分钟呼吸 16 到 20 次。静听自己的呼吸，呼吸犹如倾听涨落的潮汐。灯光亮灭逐渐交替变化、循环往复，就像人在均匀地呼吸。生活中一个常见的音响上的呼吸灯如图 1.4.1 所示。

"忽明忽暗像呼吸"是本项目的第四个任务名称。通过之前的学习，我们已经熟悉并掌握了 Arduino 核心扩展板的编程环境及其驱动方法，并且具备了编写程序控制

图 1.4.1　音响上的呼吸灯

LED 亮灭的能力。Arduino 核心扩展板中有 6 个标有"＊"的数字引脚，这些引脚具有 PWM（脉冲宽度调制）功能，可以通过程序来控制 LED 的明亮度。本任务的主要内容是编写程序，制作呼吸灯，从而实现 LED"渐亮-渐灭-渐亮"的变化，LED 感觉像是在均匀地呼吸。

学习目标

（1）理解 PWM 的原理，认识循环结构，学习模拟口的输出以及模拟变量。

（2）理解顺序结构到循环结构的变化，掌握循环语句的应用。

（3）观察呼吸灯亮度的变化，提高观察能力和探究能力。

（4）学会制作呼吸灯。

学习内容

1. PWM

PWM 通过一系列脉冲宽带来控制输出的等效波形。它可以将数字信号转换成模拟信号。输出波形信号只有开和关两种状态（也就是对应数字引脚的高低）。通过控制开与关所持续时间的比值就能模拟一个在 0～5 V 之间变化的电压。因此开（高电平）所占用的时间称为脉冲宽度，所以 PWM 也称为脉冲宽度调制。PWM 值范围为 0～255。我们可以通过图 1.4.2 更加了解 PWM。

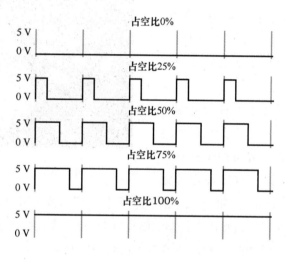

图 1.4.2　PWM

Arduino 核心扩展板上面有 6 个针脚支持 PWM：3,5,6,9,10,11。

提示：①不同的板卡支持 PWM 的针脚号可能不同；②LED 必须是可以调节亮度的。

PWM技术不仅用于LED，还可以用于改变电机的转速。

2. 基础任务——初步控制 LED 亮度（难度：★）

（1）任务描述

设置 0～255 之间不同的 PWM 值（如设置 PWM 值为 50,100,150,200,250），控制 LED

的亮度变化,且让 LED 每次亮度保持 2 s。

（2）硬件搭建

LED 模块与 Arduino 核心扩展板的连接方法如图 1.4.3 所示。LED 模块与 Arduino 核心扩展板的连接接口说明如表 1.4.1 所示。

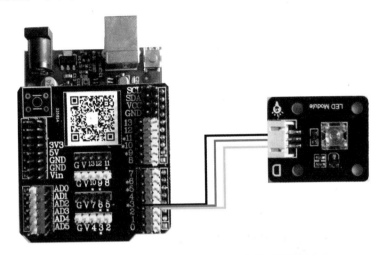

图 1.4.3　LED 模块与 Arduino 核心扩展板的连接方法

表 1.4.1　LED 模块与 Arduino 核心扩展板的连接接口说明

模块	控制器接口	控制说明
LED 模块	数字口 3	模拟输出值越大,LED 越亮

（3）程序设计

初步控制 LED 亮度的参考程序如图 1.4.4 所示。

图 1.4.4　初步控制 LED 亮度的参考程序

牛刀小试：小组合作探讨

如果将点亮的时间设置为原来的 1/2，LED 亮度会发生什么变化？如果将点亮的时间设置为原来的 1/4,1/8,1/16,…，LED 亮度会发生什么变化？

请感受自己的呼吸，尝试编写呼吸灯的程序，制作自己的呼吸灯。

3. 呼吸灯

（1）定义

呼吸灯在微控制器的控制之下，灯光亮灭交替变化，如此往复，利用了人眼视觉停留效应。生活中有很多呼吸灯的应用，例如，手机上就有呼吸灯，如果手机里有未处理的通知（短信或未接来电），呼吸灯就会由亮到暗循环变化，起到通知提醒的作用。但有的呼吸灯仅仅起到装饰的作用，如鼠标上的呼吸灯、键盘的呼吸灯等。

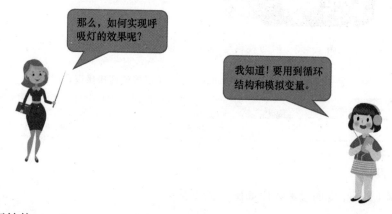

（2）循环结构

图 1.4.5　循环结构

我们常用的循环结构如图 1.4.5 所示。

循环结构的功能描述：当满足条件，即为真（1）时，则执行循环体内的语句，且循环体会重复执行；当不满足条件，即为假（0）时，则跳出循环。当条件始终成立时，会进入死循环。

（3）模拟变量

模拟变量是通过改变 PWM 值得到的，它的值用于改变 LED 的亮度。PWM 值的范围为 0～255，为此循环判断的条件是变量值小于或等于 255 和大于或等于 0。我们可以通过加减法来改变模拟变量的值，从而改变 LED 的亮度（这里要完成 LED"渐亮-渐灭-渐亮"的过程）。

定义变量的程序如图 1.4.6 所示。

图 1.4.6　定义变量的程序

变量类型如图1.4.7所示。

整数:1、2、5、6、8。

小数:3.1、6.25、7.98。

字节:8位二进制数。

长型数:32位二进制数。

布尔:布尔型变量是有两种逻辑状态的变量,包含两个值——真和假。

字符:'a'、'v'、'u'。

字符串:"abcd"、"sfsd"。

图1.4.7 变量类型

4.基础任务——呼吸灯(难度:★★)

(1)任务描述

实现LED亮灭逐渐交替变化(渐亮-渐灭-渐亮)。

(2)硬件搭建

硬件搭建如图1.4.3所示。

(3)程序设计

呼吸灯的工作流程如图1.4.8所示,呼吸灯的参考程序如图1.4.9所示。

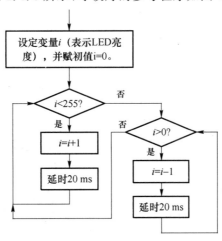

图1.4.8 呼吸灯的工作流程

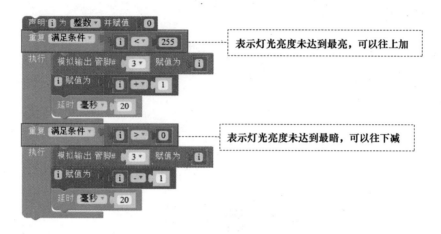

表示灯光亮度未达到最亮，可以往上加

表示灯光亮度未达到最暗，可以往下减

图1.4.9　呼吸灯的参考程序

温馨提示：主程序执行的速度很快，可加入延时，以便观察。

牛刀小试（难度：★★）

修改程序中的延时时间，使得LED呼吸所花的时间变短。

牛刀小试的程序图片

提示：

① 减少循环次数。

② 减少延时时间。

 拓展提升 （难度：★★★）

编写程序，把LED做成火焰的效果。

提示：通过随机数产生模拟变量，以控制LED的亮度变化。（若用个浅色罩子盖住LED，则效果更佳！）

拓展提升的程序图片

 课堂评价

创新能力大比拼	★★★	★★	★
创新意识之星			
创新知识之星			
创新思维之星			
创新技能之星			

课后活动

（1）尝试改变延时函数中的数值，直到不能看出 LED 亮与灭的时间间隔为止。

（2）如果你有红、黄、绿色的 LED，可以尝试利用 PWM 的原理组合它们的灯光，混合调试出你喜欢的颜色。

任务背景： 匡衡发现好心的邻居日日夜夜都为他亮着那盏灯，心里充满了感激，但是白天也亮着灯，会不会有点太浪费电了呢？

任务 5　光明的使者

图 1.5.1　光控小子灯

"黑夜给了我黑色的眼睛，我却用它寻找光明。"我们一生都在寻觅光明，你找到不灭的光明了吗？白天，太阳孜孜不倦地给我们光明；黑夜，光明的使者锲而不舍地给我们光明。

"光明的使者"是本项目的第五个任务名称。经过对前几个任务的学习，我们基本掌握了 Arduino 核心扩展板的编程环境及其驱动方法等相关软硬件知识，能够自己动手编写程序，制作出简单的 LED 作品。在此基础上，本任务引入了一个特殊的传感器——环境光传感器。通过环境光传感器检测环境中的光强度，以控制 LED 的亮灭，从而制作光控 LED 作品，如光控小子灯（如图 1.5.1 所示）等。

学习目标

（1）认识环境光传感器模块，学习其工作原理及串口的输出，完成程序编程。

（2）正确将环境光传感器模块和 Arduino 核心扩展板连接，实现利用环境光传感器控制 LED 的亮灭。

（3）制作光控 LED，提高动手实践能力和观察能力。

（4）感受将传感器引入编程的神奇，产生对编程的兴趣。

学习内容

1. 传感器

（1）传感器介绍

传感器的定义：传感器是把外界输入的非电信号转换成电信号的装置。

传感器的类型：模拟传感器、数字传感器。

传感器的接线方法：一般来说传感器都有三个引脚，一个引脚（红线）接 VCC，一个引脚（黑线）接 GND，一个引脚接数字信号或者模拟信号（取决于传感器是数字传感器还是模拟传感器）。

（2）环境光传感器

环境光传感器可以感知周围光线的情况，并告知处理芯片自动调节显示器的背光亮度，从而降低产品的功耗。我们日常生活中常用的环境光传感器有光敏电阻、光敏二极管等。

① 光敏电阻

周围光强度越强，光敏电阻（如图 1.5.2 所示）的阻值就越低。随着光强度的升高，其阻值迅速降低。光敏电阻对光线十分敏感，其在无光照时，呈高阻状态。

② 光敏二极管

当光强度较弱时，光敏二极管（如图 1.5.3 所示）的阻值很大，通过的电流很小。当光强度增大时，通过光敏二极管的电流大大增加，形成光电流，光电流会随光强度的变化而变化。

环境光传感器属于模拟传感器，要接在 Arduino 核心扩展板的模拟口。

图 1.5.2　光敏电阻

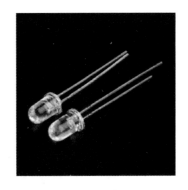

图 1.5.3　光敏二极管

现在，我们一起来学习如何利用环境光传感器采集光线值吧！

2. 串口监视器

串口监视器（Serial Monitor）用来监控串口的通信状况，它可以显示从 Arduino 核心扩展板发出的数据，如环境光传感器的值、声音传感器的值等。串口监视器是非常有用的工具，常被用来调试程序。

利用串口监视器显示传感器数值的具体程序如图 1.5.4 所示。

图 1.5.4　利用串口监视器显示传感器数值的具体程序

3. 基础任务——利用串口监视器输出环境光传感器的值（难度：★）

（1）任务描述

利用串口监视器输出环境光传感器的值。

（2）硬件搭建

环境光传感器模块与 Arduino 核心扩展板的连接如图 1.5.5 所示。环境光传感器模块与 Arduino 核心扩展板的连接接口如表 1.5.1 所示。

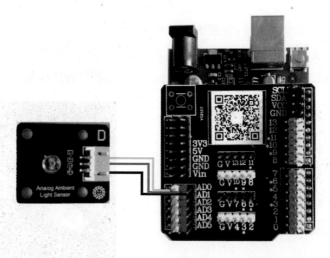

图 1.5.5　环境光传感器模块与 Arduino 核心扩展板的连接

表 1.5.1　环境光传感器模块与 Arduino 核心扩展板的连接接口

模块	控制器接口	控制说明
环境光传感器模块	模拟口 A0	光强度越小，采集数值越大

（3）程序设计

程序上传成功后，打开串口监视器时可以看到环境光传感器采集的数值。主程序执行的速度很快，可以加入延时，以方便观察。利用串口监视器输出环境光传感器的值参考程序如图1.5.6所示。利用串口监视器显示模拟光强度的值如图1.5.7所示。

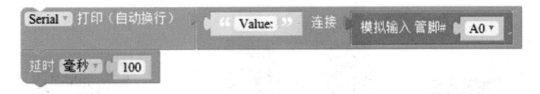

图1.5.6　利用串口监视器输出环境光传感器的值参考程序

图1.5.7　利用串口监视器显示模拟光强度的值

轻松一刻:模拟光控 LED

步骤1:选定1位中等身高的同学A作为参照,模拟程序中所给定的光强度值。

步骤2:再选定1位同学B模拟 LED 的状态,站立表示灯亮,蹲下表示灯灭。

步骤3:其余6位身高不等的同学随机排成一列,作为不同的光强度值。

当A同学走过比自己高的同学身边时,B同学蹲下,表示灯灭;当A同学走过比自己矮的同学身边时,B同学站立,表示灯亮。

4. 基础任务——实现光控 LED(难度:★★)

（1）任务描述

利用环境光传感器检测光强度。当光强度较弱时,LED点亮,否则 LED 熄灭。

（2）硬件搭建

环境光传感器模块、LED 模块与 Arduino 核心扩展板的连接如图 1.5.8 所示。环境光传感器模块、LED 模块与 Arduino 核心扩展板的连接接口如表 1.5.2 所示。

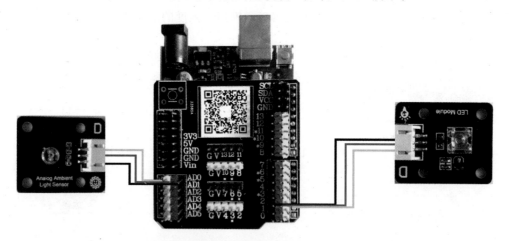

图 1.5.8　环境光传感器模块、LED 模块与 Arduino 核心扩展板的连接

表 1.5.2　环境光传感器模块、LED 模块与 Arduino 核心扩展板的连接接口

模块	控制器接口	控制说明
环境光传感器模块	模拟口 A0	光强度越小，采集数值越大
LED 模块	数字口 2	高电平点亮 LED

（3）程序设计

光控 LED 的工作流程如图 1.5.9 所示。光控 LED 的参考程序如图 1.5.10 所示。

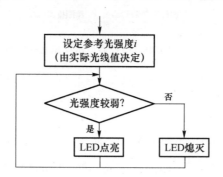

图 1.5.9　光控 LED 的工作流程

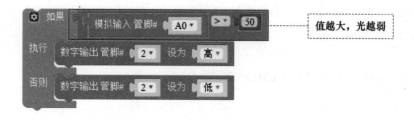

图 1.5.10　光控 LED 的参考程序

拓展提升　（难度：★★★）

设计一款光控 LED。要求：光强度越强，LED 亮度越弱；光强度越弱，LED 亮度越强。

拓展提升的程序图片

课堂评价

创新能力大比拼	★★★	★★	★
创新意识之星			
创新知识之星			
创新思维之星			
创新技能之星			

课后活动

制作一款光控 LED。要求：当光强度大于设定值时，LED 点亮，并在延时 5 s 后熄灭。

课后活动的程序图片

任务背景：邻居告诉匡衡,如果你想要我的灯为你开启,你只要拍拍手就行,我家的灯随时为你点亮。

任务6 声音的天使

图 1.6.1 声控灯

我们听过涓涓泉水般的声音、清脆如铃般的声音,这些声音沁人心脾,甜的像让人喝蜜。声音就像一个天使,不仅让人心旷神怡,还能够控制光明。

"声音的天使"是本项目的第六个任务名称。经过对前几个任务的学习,我们已经初步了解传感器,并且能够制作光控 LED 作品。在上一个任务的基础上,本任务又加入一个新的传感器——声音传感器。生活中我们比较常见的声音传感器应用有楼道灯等。例如,当楼道中发出声音时,有的楼道的灯就会亮。声控灯如图 1.6.1 所示。

学习目标

（1）认识声音传感器模块及其工作原理,完成声音传感器模块和 Arduino 核心扩展板的端口连接。

（2）制作声控 LED,熟练使用串口监视器打印声音传感器检测到的声音强度值。

（3）学习声音传感器模块的功能,能够结合声控与光控的功能制作楼道灯。

学习内容

1. 声音传感器模块

声音传感器的作用相当于一个话筒,可以用来接收声波,显示声音的振动图象,但不能对噪音的强度进行测量。该传感器由一个对声音敏感的小型驻极体麦克风和运算放大器构成,声波使话筒内的驻极体薄膜振动,导致电容变化,从而产生与之对应变化的微小电压。它可以将捕获到的微小电压变化放大,这一电压随后被转化成 0~5 V 的电压,经过 A/D 转换被数据采集器接收,并被传送给计算机,这样只需采集模拟量电压就可以读出声音的幅值,判断声音的大小。我们使用的声音传感器模块如图 1.6.2 所示。

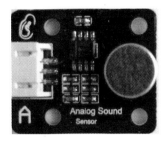

图 1.6.2　声音传感器模块

> 还记得我们在上一项任务中使用串口监视器来采集传感器的数值吗?

2. 基础任务——利用串口监视器输出声音传感器的值(难度:★)

(1)任务描述

利用串口监视器输出声音传感器模块的值。

(2)硬件搭建

声音传感器模块与 Arduino 核心扩展板的连接如图 1.6.3 所示。声音传感器模块与 Arduino 核心扩展板的连接接口如表 1.6.1 所示。

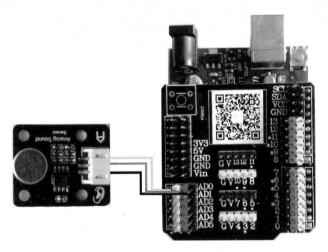

图 1.6.3　声音传感器模块与 Arduino 核心扩展板的连接

表 1.6.1　声音传感器模块与 Arduino 核心扩展板的连接接口

模块	控制器接口	控制说明
声音传感器模块	模拟口 A0	声音越大,采集的数值越大

（3）程序设计

利用串口监视器显示声音数值的程序如图1.6.4所示。

| Serial ▼ 打印（自动换行） | " Value: " 连接 转字符串 模拟输入 管脚# A0 ▼ |

图1.6.4 利用串口监视器打印显示声音数值的程序

3. 基础任务——实现声控LED(难度:★★)

（1）任务描述

有响声时,灯亮,并在延时一段时间后熄灭。

（2）硬件搭建

声音传感器模块、LED模块与Arduino核心扩展板的连接如图1.6.5所示。声音传感器模块、LED模块与Arduino核心扩展板的连接接口如表1.6.2所示。

图1.6.5 声音传感器模块、LED模块与Arduino核心扩展板的连接

表1.6.2 声音传感器模块、LED模块与Arduino核心扩展板的连接接口

模块	控制器接口	控制说明
声音传感器模块	模拟口A0	声音越大,采集的数值越大
LED模块	数字口2	高电平点亮LED

（3）程序设计

声控LED的工作流程如图1.6.6所示、声控LED的参考程序如图1.6.7所示。

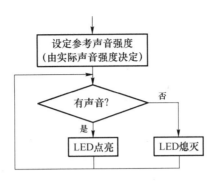

图 1.6.6 声控 LED 的工作流程

值越大，声音越强

图 1.6.7 声控 LED 的参考程序

声音传感器的值怎么转换到分贝值？

声音传感器值并不能直接转成分贝值！因为中间的信号处理非常复杂，涉及增益自动调节、频率计权、积分电路、时间计权，无法靠单片机通过软件来实现。

 拓展提升 （难度：★★★）

　　设计楼道灯：当白天光线较强时，灯受光控自锁，即有声响时也不通电开灯；当傍晚光线变暗时，灯开关自动进入待机状态，有说话声、脚步声等时，灯会立即通电亮灯，并在延时半分钟后自动断电。楼道灯的参考流程如图 1.6.8 所示。

拓展提升的程序图片

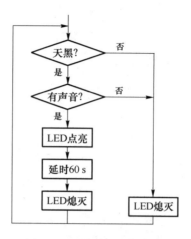

图 1.6.8 楼道灯参考流程

 课堂评价

创新能力大比拼	★★★	★★	★
创新意识之星			
创新知识之星			
创新思维之星			
创新技能之星			

 课后活动

课后活动的程序图片

制作电子蜡烛(如图 1.6.9 所示)。要求:当亮度较暗时,蜡烛"点亮",火苗闪烁;当有吹蜡烛声音的时候,蜡烛"熄灭"。

图 1.6.9 电子蜡烛

任务背景：匡衡伏在案头,盯着眼前的这盏灯,心想:如果我自己也能做一盏这样的灯该有多好啊,我可以把灯做得更有"诗意"。

任务7　给灯一个家

"给灯一个家"是本项目的第七个任务名称,该任务将树立学习者对人工世界和人机关系的基本观念,让学习者学会以系统分析和比较权衡为核心来筹划创客作品的实现。本任务希望学习者基于技术问题进行创新性方案构思,在解决一系列问题的过程中综合应用 LED、按钮、旋转角度传感器、环境光传感器、声音传感器等,最终采取一定的工艺方法将意念、方案转化为实用的智能小夜灯,并能够对已有物品进行改进与优化。智能小夜灯作品如图 1.7.1 所示。

图 1.7.1　智能小夜灯作品

学习目标

(1) 了解结构的含义,分析影响结构稳定性和强度的因素。

(2) 理解结构与功能的关系,了解结构设计的基本过程。

(3) 熟悉每个板面的结构设计,完成智能小夜灯外框的搭建。

(4) 学会观察结构的实用性和感受结构的美观性。

学习内容

1. 热身任务——初识结构体(难度:★★)

智能小夜灯的主体结构由六块面板组成,分别为上面板、下面板、左面板、右面板、前面板与后面板。

（1）上面板

如图 1.7.2 所示，上面板的中部设有 LED 模块，在与前后面板相接的位置上分别设有一个凸块安装孔，在 LED 模块的一侧设有顶板线路孔。LED 模块与核心扩展板通过控制线相连接，控制线贯穿通过顶板线路孔。上面板的四角处均设有螺丝固定孔，该螺位固定孔用于上面板与前后面板的固定。

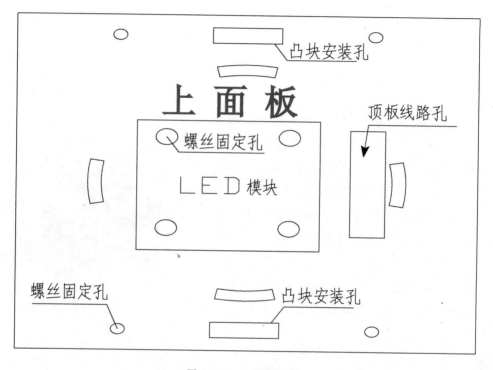

图 1.7.2　上面板结构

（2）前面板

如图 1.7.3 所示，前面板上设有环境光传感器模块与声音传感器模块。前面板在靠近上面板的位置设有两个顶板线路孔与一个凸块，顶板线路孔用于穿越环境光传感器模块与声音传感器模块的控制线，以便前面板与下面板的核心扩展板相连接。前面板的两侧分别设有两个凸块安装孔，这两个凸块安装孔用于前面板与左右面板的连接。在前面板靠近上下面板的位置分别设有两个螺丝固定孔与一个凸块，凸块用于前面板与上下面板的凸块安装孔连接，螺丝固定孔内部安装有螺帽，可通过螺丝实现前面板与上下面板的固定。

（3）后面板

如图 1.7.4 所示，后面板上设有旋转角度传感器模块与按钮模块。后面板在靠近上面板的位置设有两个顶板线路孔与一个凸块，其两侧分别设有两个凸块安装孔。在其靠近上、下面板的位置设有两个螺丝固定孔与一个凸块，凸块用于后面板与上下面板的凸块安装孔连接，螺丝固定孔内部安装有螺帽，可通过螺丝实现后面板与上下面板的固定。

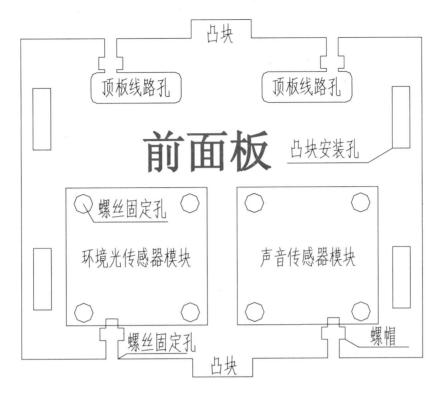

图 1.7.3 前面板结构

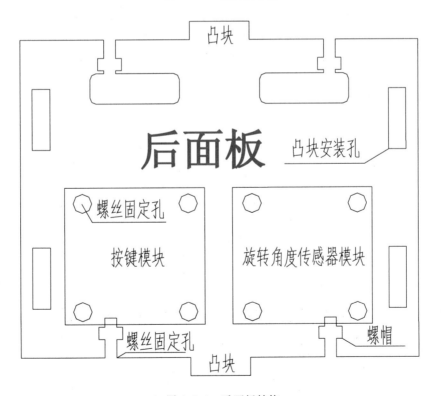

图 1.7.4 后面板结构

（4）左面板

如图 1.7.5 所示，左面板在与前后面板相接的位置上分别设有两个凸块，这两个凸块用于左面板与前后面板的凸块安装孔连接。

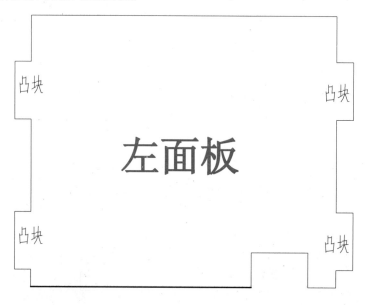

图 1.7.5　左面板结构

（5）右面板

如图 1.7.6 所示，右面板设有两个其他扩展模块的过线孔，且在右面板与前后面板相接的位置分别设有两个凸块，在与下面板相接的位置也设有一凸块，这些凸块分别用于右面板与前面板、后面板、下面板凸块安装孔的连接。

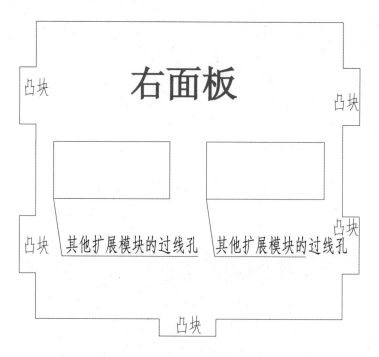

图 1.7.6　右面板结构

（6）下面板

如图 1.7.7 所示，下面板设有三个凸块安装孔、四个螺丝固定孔与四个核心扩展板固定孔。下面板用于固定核心扩展板。上述各面板上固定的模块均通过经过相应的线路孔与核心扩展板相连接。

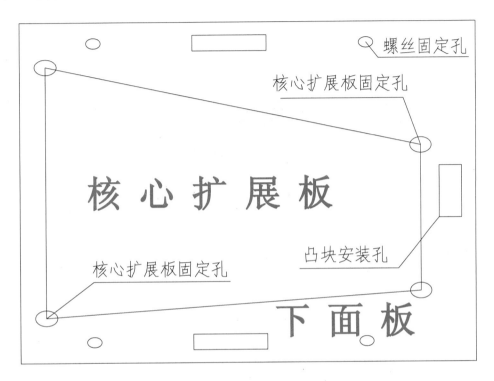

图 1.7.7　下面板结构

2. 基础任务——结构搭建（难度：★★★）

步骤 1：安装 Arduino 核心扩展板。

Arduino 核心扩展板由螺丝贯穿于下面板底部，固定在下面板上，如图 1.7.8 所示。

智能小夜灯组装视频

图 1.7.8　安装 Arduino 核心扩展板的方法

步骤 2:侧面板固定。

用螺丝将前面板、后面板、左面板和右面板通过螺丝固定孔的螺母固定在下面板上,如图 1.7.9 所示。

图 1.7.9 侧面板固定

步骤 3:安装环境光传感器模块和声音传感器模块。

用螺丝通过螺丝固定孔将环境光传感器模块和声音传感器模块固定在前面板上,控制线穿越线路孔,实现两模块与核心扩展板的连接,如图 1.7.10 所示。

图 1.7.10 安装环境光传感器模块和声音传感器模块

步骤 4:安装旋转角度传感器模块和按钮模块。

用螺丝通过螺丝固定孔将旋转角度传感器模块和按钮模块固定在后面板上,控制线穿越线路孔,实现两模块与核心扩展板的连接,如图 1.7.11 所示。

图 1.7.11 旋转角度传感器模块和按钮模块

步骤 5:安装 LED 模块。

用螺丝通过螺丝固定孔将 LED 模块固定在上面板,控制线穿越线路孔,实现 LED 模块与核心扩展板的连接,如图 1.7.12 所示。

图 1.7.12 安装 LED 模块

步骤 6:固定上面板。

首先将各模块与 Arduino 核心扩展板的引脚相连,连接接口分配表如表 1.7.1 所示。然后通过螺丝将上面板固定在前后面板上,如图 1.7.13 所示。

表 1.7.1 智能小夜灯的连接接口分配表

模块	控制器接口
旋转角度传感器模块	模拟口 A0
环境光传感器模块	模拟口 A1
声音传感器模块	模拟口 A2
LED 模块	数字口 3
按钮模块	数字口 2

图 1.7.13　固定上面板

这样我们小夜灯的家就搭建好啦！下个任务我们将给它的大脑——Arduino核心扩展板——注入我们的程序，让小夜灯按匡衡的思想开始工作吧！

 课堂评价

请从操作性能、形态等几个角度对智能小夜灯进行评价，在"程度评价"栏中标注相应的程度高低，在"评价说明"栏中填写自己的主观感受。

评价角度	程度评价	评价说明
操作性能好	低　　　　　　中　　　　　　高	
形态新颖	低　　　　　　中　　　　　　高	
牢固可靠	低　　　　　　中　　　　　　高	

续表

评价角度	程度评价	评价说明
人机因素	低　　　　　中　　　　　高	
环境因素	低　　　　　中　　　　　高	
易维护	低　　　　　中　　　　　高	

课后活动

小组讨论:有没有可能设计出更好的结构?

任务背景：夜已深了，人们早已进入梦乡。只见匡衡拍拍手，他的灯就亮了。他手里捧着一本书，专心致志地看着。也不知过了多长时间，他似乎看得有些累了，便放下书，用手轻轻地揉揉干涩的眼睛，用按钮关上灯，休息了一会儿。然后他又用旋转角度传感器调节出了比较柔和的环境光度，继续看书，仿佛忘记了时间，沉醉在书的海洋里……

任务8 光亮掌控者

图 1.8.1 智能小夜灯

"光亮掌控者"是本项目最终任务的名称。在此之前，我们已经学会了利用环境光传感器、声音传感器、旋转角度传感器控制 LED 的亮灭，掌握了延时程序、条件语句、布尔变量、映射等程序的编写与应用。智能小夜灯（如图 1.8.1 所示）是以控制灯光效果、创作、分享、互动、健康为特点的新型智能设备。LED 的控制不但可以通过手动控制，而且具备声控、光控、呼吸以及混合模式，用户可以根据需要自主选择。

学习目标

1. 综合本项目任务 1～7 中所学的编程知识，实现智能小夜灯的多功能控制。

2. 完成 Arduino 核心扩展板与 LED 模块、旋转角度传感器模块、环境光传感器模块、声音传感器模块的端口连接。

3. 学习智能小夜灯，进一步深入了解 Arduino，掌握制作智能小夜灯的方法。

学习内容 （难度：★★★）

1. 功能描述

模式切换通过按钮下降沿触发，每次更换模式时灯光闪烁，闪烁次数由模式值决定。

（1）手控模式

通过旋转角度传感器调整灯光亮度。

（2）光控模式

根据光线强度控制灯光的开启和关闭。光强度大于设定值,开启灯光,反之,关闭灯光。

（3）声控模式

根据声音强度控制灯光的开启和关闭。声音强度达到设定值时,开启灯光,并在延时 5 s 后自动关闭灯光。

（4）混合模式

通过声音和光强度联合控制灯光。灯光开启条件:如果光强度大于设定值,同时声音强度大于设定值,则触发灯光,开启后在延时 5 s 后自动关闭灯光。

（5）呼吸模式

灯光逐渐由暗到亮再由亮到暗。

2. 硬件连接

智能小夜灯的硬件连接如图 1.8.2 所示。智能小夜灯的连接接口如表 1.8.1 所示。

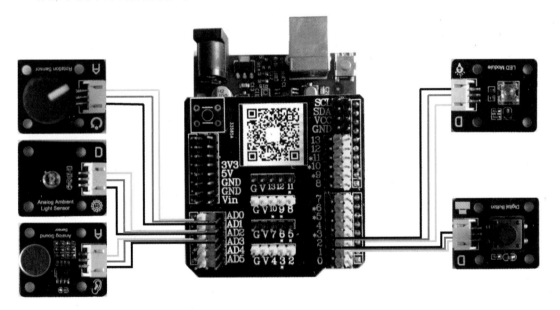

图 1.8.2　智能小夜灯的硬件连接

表 1.8.1　智能小夜灯的连接接口

模块	控制器接口	控制说明
按钮模块	数字口 2	按钮按下为低电平
LED 模块	数字口 3	高电平点亮 LED
旋转角度传感器模块	模拟口 A0	把 0～1 023 内的数按比例转化成 0～255 之间的数,再模拟输出
环境光传感器模块	模拟口 A1	光强度越小,采集数值越大
声音传感器模块	模拟口 A2	声音越大,采集的数值越大

注意：由于要求用按钮进行模式切换，所以在程序设计时避免使用长延时，以免在延时期间按下按钮而造成程序不响应，导致按钮检测不灵敏。

3．程序设计

（1）程序流程

智能小夜灯的程序流程如图 1.8.3 所示。

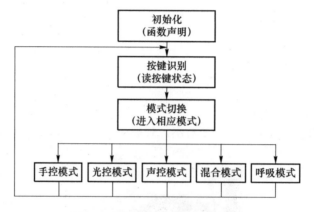

图 1.8.3　智能小夜灯的程序流程

（2）主流程

通过按钮切换智能小夜灯的控制模式，此处需要判断当前按钮的状态。当按下按钮时，判断当前状态，选择相应的控制模式。主流程的参考程序如图 1.8.4 所示。

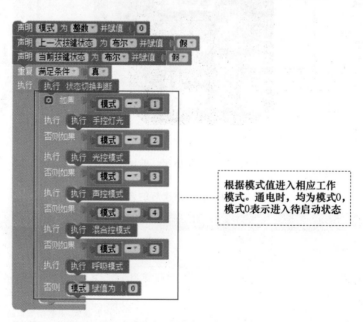

图 1.8.4　主流程参考程序

（3）模式切换

模式切换通过按钮下降沿触发,每次更换模式时灯光闪烁,闪烁次数由模式值决定。模式切换参考程序如图1.8.5所示。

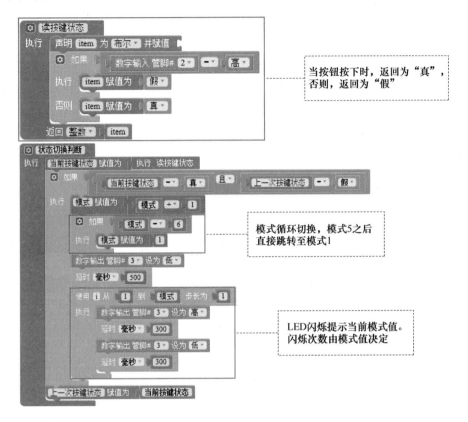

当按钮按下时,返回为"真",否则,返回为"假"

模式循环切换,模式5之后直接跳转至模式1

LED闪烁提示当前模式值。闪烁次数由模式值决定

图1.8.5　模式切换参考程序

（4）手控灯光

手控灯光是指通过旋转角度传感器调整灯光亮度。

Arduino的AD输出是10位的,对应AD数值为0～1 023,而Arduino的PWM输出是8位的,对应的PWM数值是0～255。如果要将旋钮电压赋值给模拟输出管脚3（模拟管脚3的PWM数值最大为255）,需将"旋钮电压"除以4,以完成映射。手控灯光参考程序如图1.8.6所示。

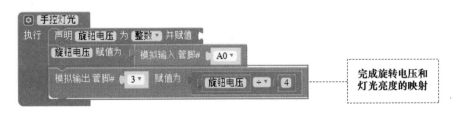

完成旋转电压和灯光亮度的映射

图1.8.6　手控灯光参考程序

（5）光控模式

光控模式指根据光线强度控制灯光的开启和关闭。光强度小于设定值时,开启灯光,反

之，关闭灯光。光控模式参考程序如图 1.8.7 所示。

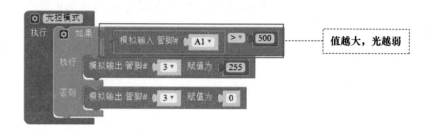

图 1.8.7　光控模式参考程序

（6）声控模式

声控模式指根据声音强度控制灯光的开启和关闭。声音强度达到设定值时，开启灯光，并在延时 5 s 后自动关闭灯光，LED 亮度大小的范围为 0～255。声控模式参考程序如图 1.8.8 所示。

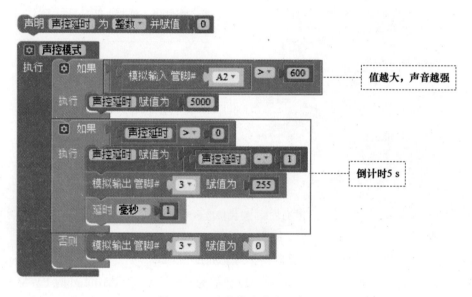

图 1.8.8　声控模式参考程序

（7）混合模式

混合模式是指通过声音强度和光强度联合控制灯光。灯光开启条件：如果环境光传感器采集的数据大于设定值（即光强度小）同时声音强度大于设定值，则触发灯光，并在开启后延时 5 s 后自动关闭灯光。混合模式参考程序如图 1.8.9 所示。

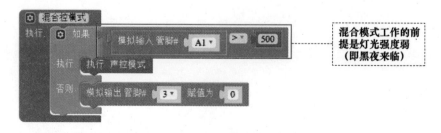

图 1.8.9　混合模式参考程序

（8）呼吸模式

呼吸模式是指灯光缓亮缓灭。呼吸模式参考程序如图1.8.10所示。

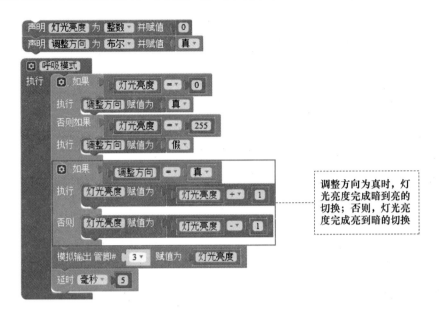

图 1.8.10 呼吸模式参考程序

 课堂评价

创新能力大比拼	★★★	★★	★
创新意识之星			
创新知识之星			
创新思维之星			
创新技能之星			

 课后活动

小组讨论:是否还有其他方法可以控制智能小夜灯？小夜灯还可以实现哪些功能？

项目二 时间管理者——计时器

项目背景

在美丽的草原上,曙光划破夜空,一群羚羊从睡梦中惊醒。"新的一天开始了,我们得抓紧时间奔跑。如果被猎豹发现,我们可能会被吃掉!"于是羚羊群起身,向着太阳升起的方向飞奔而去……

几乎在羚羊群奔向远方的同时,一只猎豹也惊醒了,它起身摇摆了几下壮实的身躯,抖去身上的灰尘,"已经有两天没吃东西了,我得立即寻找昨晚没有追上的猎物。如果今天还追不上它们,我可能会饿死!"猎豹望着太阳升起的方向,大吼一声,狂奔而去……

这场追逐的结局只有两种情况:羚羊快,猎豹饿死;猎豹快,羚羊被吃掉。但是,哪怕羚羊只比猎豹早跑 30 s,也有可能保全性命。请你帮助羚羊至少保住这 30 s 吧,这就意味着羚羊的生命……

任务介绍

计时器视频

本项目是跨领域、跨科目的综合性项目。时间就是金钱,这句话我们一定不陌生。珍惜每一分每一秒,学会管理时间,可以让我们收到事半功倍的效果。本项目将学习数码管的工作原理、蜂鸣器的控制、模拟骰子的制作、电子音乐的播放。计时器可提供基本的计时控制功能,包括开始计时、停止计时、继续计时、归零等,操作简便,方便我们的日常生活。

核心素养

1. 技术意识

(1)能掌握数码管模块和蜂鸣器模块的工作原理,并能利用编程软件 Mixly 编写程序,积极主动地完成模拟骰子、电子音乐等指定任务。

（2）通过最终任务计时器的完成，形成对电子创客的正确认识，掌握安全的技术规范。

2．工程思维

（1）能够正确认识计时器不同功能之间、数码管与数码管模块之间的区别与联系。

（2）能运用系统分析的方法，对蜂鸣器控制原理、电子音乐播放以及数码管工作原理进行分析，完成计时器制作。

3．创新设计

（1）能够在完成数码管显示、蜂鸣器控制、电子音乐播放等简单任务的基础上，结合智能小夜灯项目所学的知识，提出适当合理的设计方案。

（2）能综合各方面因素对设计方案进行分析，并加以优化。

4．图样表达

（1）能够识读数码管模块、按钮模块、蜂鸣器模块与 Arduino 核心扩展板的硬件连接图，亲自动手完成各电子器件与 Arduino 核心扩展板的端口连接。

（2）能用技术语言实现有形与无形、抽象与具体的思维转换。

5．物化能力

（1）能够正确认识数码管模块和蜂鸣器模块的工作原理及其应用，并能通过任务完成得到一定的操作经验和感悟。

（2）能够独立完成本项目中的所有基础任务和拓展任务，具有较强的动手操作能力与创造能力。

本项目采用的模块清单

Arduino核心扩展板

数码管模块

蜂鸣器模块

按钮模块

灰度传感器模块

数据线

任务背景：草原上的六只羚羊要选取其中的一只作为羚羊的首领,这个首领要在清晨带领大家向着太阳升起的方向奔跑,究竟谁能够当首领呢? 也许通过掷骰子决定是一个不错的办法。

任务 1　幸运的你

当遇到难以决定的事情时,我们常常会通过掷骰子(如图 2.1.1 所示)的方法做决定。当你投到想要的结果时,可以说是非常幸运的。在日常生活中,其实我们也可以利用数码管随机产生 1～6 的数字,进行掷骰子游戏。

"幸运的你"是本项目的第一个任务名称。经过前面的学习,我们已经熟悉了 Arduino 核心扩展板及其编程环境,掌握了编程的过程、结构和语句。在本任务中我们将利用随机函数、ShiftOut( )函数、数组等编程语句和数码管模块模拟掷骰子,体验掷骰子带来的惊喜。

图 2.1.1　掷骰子

学习目标

(1) 认识数码管及数码管模块,了解其基本应用。
(2) 掌握随机函数及其调用方法,学会利用随机函数和数码管。
(3) 自主探索,完成模拟掷骰子的任务。
(4) 学习数码管及其随机函数,体验模拟掷骰子的乐趣。

学习内容

1. 数码管和数码管模块

(1) 数码管介绍

数码管是一种半导体发光器件,其基本单元是 LED,按照 LED 的段数可将其分为七段数码管和八段数码管。八段数码管由 7 个 LED 条排列成一个"8"字形输出器件,外加 1 个 LED 作为小数点,每一个笔画为一个 LED(如图 2.1.2 所示)。从数码管的外面看,一个数码管模块有 10 个引脚,上下各 5 个。内部的 8 个 LED 分别为 a~g(7 个),再加 1 个表示小数点的灯 h 或 dp。这些字母也可以用大写字母表示,本质上大写和小写字母都是一样的。八段数码管的引脚图如图 2.1.3 所示。

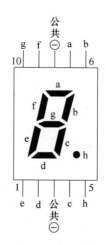

图 2.1.2　八段数码管　　　　　图 2.1.3　八段数码管的引脚图

按照 LED 的连接方式,可将数码管分为共阳极数码管和共阴极数码管。共阳极数码管是指所有 LED 的阳极都连在一起,形成公共阳极的数码管(如图 2.1.4 所示);共阴极数码管是指所有 LED 的阴极连到一起,形成公共阴极的数码管(如图 2.1.5 所示)。

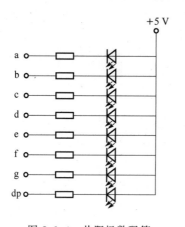

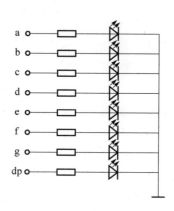

图 2.1.4　共阳极数码管　　　　　图 2.1.5　共阴极数码管

在具体应用中,数码管的公共极接高电平或低电平,另外 8 个引脚分别接相应引脚。将共阳极数码管的公共极接高电平,当某一字段 LED 的阴极为低电平时,相应字段被点亮,否则相应字段不亮;将共阴极数码管的公共极接到地线上,当某一字段 LED 的阳极为高电平时,相应字段被点亮,否则相应字段不亮。

(2) 数码管模块

我们所用的数码管模块是八段数码管(如图 2.1.6 所示),一个 74HC595 芯片的输出正好也是 8 位,所以可以用 74HC595 的输出控制一个数码管模块。

图 2.1.6　数码管模块

74HC595 芯片是一个 8 位串行输入、并行输出的位移缓存器,其中并行输出为三态输出。在 SCK 的上升沿,串行数据由 SDL 输入内部的 8 位位移缓存器中,并由 Q_7' 输出。

2. 函数解读

（1）随机函数

随机函数是产生随机数的函数。本任务要实现掷骰子的效果，就是要随机显示 1～6 之间的数字，这里需要用随机数函数产生 1～6 中的一个数字，然后将数字显示在数码管上。随机函数的程序如图 2.1.7 所示。

图 2.1.7　随机函数的程序

（2）ShiftOut( )函数

ShiftOut( )函数将一个数据的 1 字节一位一位地移出，从最高有效位（最左边）或最低有效位（最右边）开始，依次向数据脚写入每一位，之后时钟脚被拉高或拉低，指示刚才的数据是否有效。ShiftOut( )函数的程序如图 2.1.8 所示。

图 2.1.8　ShiftOut( )函数的程序

注意：如果所连接的设备时钟类型为上升沿，则需要确定在调用 shiftOut( )函数前时钟引脚为低电平。

（3）数组

数组由多个变量组成。数组就像一个大盒子，可以储存一定数量的数字或字符。数组的程序如图 2.1.9 所示。

图 2.1.9　数组的程序

值得注意的是，数组里只能储存同一类型的变量（如同为整数类型）。

3. 基础任务——模拟掷骰子（难度：★★★）

（1）任务描述

利用随机数函数和数码管模拟掷骰子。实现按一次按钮，数码管便随机显示一个 1～6 的数字。

（2）硬件搭建

按钮模块、数码管模块与 Arduino 核心扩展板的连接如图 2.1.10 所示，按钮模块、数码管模块与 Arduino 核心扩展板的连接接口如表 2.1.1 所示。

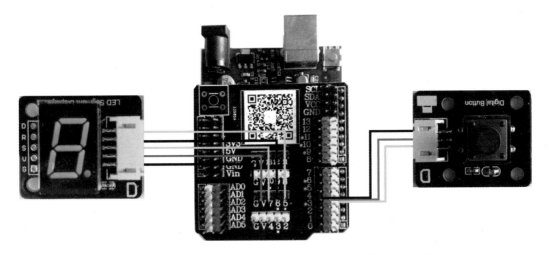

图 2.1.10 按钮模块、数码管模块与 Arduino 核心扩展板的连接

表 2.1.1 按钮模块、数码管模块与 Arduino 核心扩展板的连接接口

模块和模块引脚	控制器接口	控制说明
数码管模块 DS（数据管脚）	数字口 5	DS 是数码管模块的串行数据输入端，高位先入
数码管模块 SCK（时钟管脚）	数字口 7	SCK 是数码管模块的串行数据位移脉冲输入端口，一个上升沿脉冲送入一位输入数据
数码管模块 RCK（数字输入/出管脚）	数字口 6	RCK 是数码管模块的锁存端口，寄存器时针上升沿时，将在端口上输出数据，驱动数码管
按钮模块	数字口 4	按钮按下时输出低电平

（3）程序设计

本任务的数码管模块采用共阳极数码管，数码管模块编码对应关系如表 2.1.2 所示。

表 2.1.2 数码管模块编码对应关系

LED	0	1	2	3	4	5	6	7	8	9
十六进制	0xC0	0xF9	0xA4	0xB0	0x99	0x92	0x82	0xF8	0x80	0x90
十进制	(192)	(249)	(164)	(176)	(153)	(146)	(130)	(248)	(128)	(144)

模拟掷骰子的工作流程如图 2.1.11 所示。模拟掷骰子的参考程序如图 2.1.12 所示。

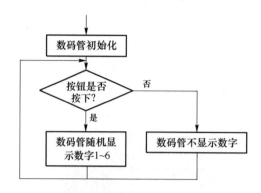

图 2.1.11　模拟掷骰子的工作流程

图 2.1.12　模拟掷骰子的参考程序

轻松一刻:掷骰子大战

游戏规则:第一小组若掷出数字 1、2、3,则分别加 3 分、2 分、1 分,若掷出数字 4、5、6,则不加分;第二小组若掷出数字 1、2、3,则不加分,若掷出数字 4、5、6,则分别加 3 分、2 分、1 分。组内成员每人只能掷一次,最终决出得分最高的小组。将第一小组和第二小组的得分可填入表 2.1.3 中。

表 2.1.3　得分表

第一小组		第二小组	
数值	加分	数值	加分
1	3 分	1	0 分
2	2 分	2	0 分
3	1 分	3	0 分
4	0 分	4	3 分
5	0 分	5	2 分
6	0 分	6	1 分
总分		总分	

拓展提升 （难度：★★★）

我们已经学会了用随机数函数随机产生 1～6 之间的数值，并使相应数值显示在数码管上。现在加入之前学的 LED 内容，制作数字判别器，要求如下：当数码管上显示的数字大于或等于 4 时，LED 点亮，否则，LED 熄灭。

拓展提升的程序图片

一定要动手试一试哦！

课堂评价

创新能力大比拼	★★★	★★	★★
创新意识之星			
创新知识之星			
创新思维之星			
创新技能之星			

课后活动

（1）上网查找数码管在我们日常生活中的应用。

（2）利用随机数函数和数码管模拟投币，要求随机产生 0 或 1，1 代表正面，0 代表反面。

课后活动 2 的程序图片

任务背景：羚羊们决定好首领后终于可以安心地休息了，可是当黎明到来之时，羚羊们担心因为睡得太沉而耽误向前奔跑的好时机。现在让我们用令人觉得紧张而又急促的声音来提醒羚羊们该起床逃命了！

任务 2　小偷的天敌

图 2.2.1　音乐蜡烛

日常生活中我们常会丢三落四，甚至会碰到小偷，这令我们不胜其烦，这时候就需要小偷的天敌——蜂鸣器。其实在我们生活中，音乐蜡烛（如图 2.2.1 所示）、打印机、计算器、生日蜡烛等设备常常会用到蜂鸣器，接下来就让我们一起学习任务 2。

通过之前课程的学习，我们已经能够动手完成简单的作品，如光控 LED、流水灯、呼吸灯等，并从中感受到了电子创客的魅力。在本任务中我们将学习蜂鸣器的相关内容，并学习控制蜂鸣器的方法，让蜂鸣器发出不同频率的声音。

学习目标

（1）了解蜂鸣器的工作原理，学习蜂鸣器模块与 Arduino 核心扩展板的端口连接方法。

（2）通过编写程序，掌握蜂鸣器模块的控制方法。

（3）通过编写程序完成蜂鸣器控制，提高自主编写程序的能力和应用能力。

（4）能控制蜂鸣器发出不同的声音，了解蜂鸣器在日常生活中的应用。

学习内容

1. 蜂鸣器模块

蜂鸣器是一种电子发声元器件，可以发出"beep beep"的声音。它采用直流电压供电，广泛应用于电子产品中,如计算机、打印机、复印机、报警器、电子玩具、汽车设备、定时器等。蜂鸣器模块如图 2.2.2 所示。

蜂鸣器分为有源蜂鸣器与无源蜂鸣器。这里的"源"不是指电源,而是指震荡源。有源蜂鸣器内部带震荡源,只要通电就会发出响声;无源蜂鸣器内部不带震荡源,仅用直流信号无法令其发出响声。

蜂鸣器模块有三个引脚:黑线接地(GND);红线接电源(VCC);黄线接信号源。

图 2.2.2　蜂鸣器模块

2. 基础任务——蜂鸣器控制(难度:★)

(1)任务描述

控制蜂鸣器发出频率为 1 kHz 的声音,响 500 ms,停 1 000 ms,并按周期循环。

(2)硬件搭建

蜂鸣器模块与 Arduino 核心扩展板的连接如图 2.2.3 所示。数码管模块与 Arduino 核心扩展板的连接接口如表 2.2.1 所示。

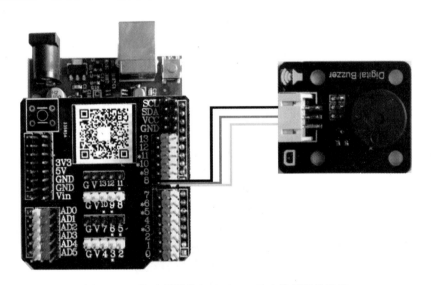

图 2.2.3　蜂鸣器模块与 Arduino 核心扩展板的连接

表 2.2.1　数码管模块与 Arduino 核心扩展板的连接接口

模块	控制器接口	控制说明
蜂鸣器模块	数字口 8	使用无源蜂鸣器,它依靠外部方波信号驱动

(3)程序设计

蜂鸣器控制的参考程序如图 2.2.4 所示。注意在播放完音乐后加上结束播放音乐的程序。

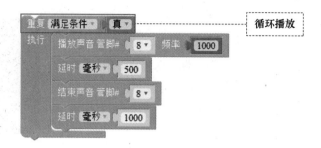

图 2.2.4　蜂鸣器控制的参考程序

 牛刀小试(难度:★)

尝试编写程序,让蜂鸣器发出下列声音。

(1) 长鸣:鸣叫 2 s,停 0.5 s。

(2) 滴滴短声:鸣叫 0.5 s,停 0.5 s。

(3) 长短声:鸣叫 2 s,停 0.5 s,鸣叫 0.5 s,停 0.5 s。

牛刀小试的程序图片

3. 灰度传感器模块

灰度传感器是一种模拟传感器,由一个 LED 和一个环境光敏电阻组成。灰度传感器的工作原理:不同灰度的检测面对光的反射程度不同,所以红外接收管接收到的反射光也就不同,从而完成灰度检测。在有效的检测距离内,红外发射管发出红外光,照射在检测面上,红外接收管根据检测反射光的强度,并将其转换为机器人可以识别的信号。我们使用的灰度传感器模块如图 2.2.5 所示。

图 2.2.5　灰度传感器模块

4. 进阶任务——利用灰度传感器控制蜂鸣器(难度:★★)

(1) 任务描述

当检测到一定强度的红外线时,蜂鸣器鸣叫(频率为 1 000 Hz),反之,蜂鸣器不鸣叫。

(2) 硬件搭建

蜂鸣器模块、灰度传感器模块与 Arduino 核心扩展板的连接如图 2.2.6 所示。蜂鸣器模块,灰度传感器模块与 Arduino 核心扩展板的连接接口如表2.2.2 所示。

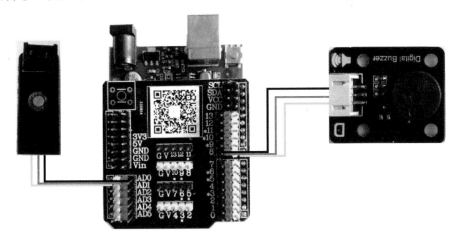

图 2.2.6　蜂鸣器模块、灰度传感器模块与 Arduino 核心扩展板的连接

表 2.2.2　蜂鸣器模块、灰度传感器模块与 Arduino 核心扩展板的连接接口

模块	控制器接口	控制说明
蜂鸣器模块	数字口 8	使用无源蜂鸣器,它依靠外部方波信号驱动
灰度传感器模块	模拟口 A0	使用时返回数值为 0~1 023,颜色越淡,数值越小,而颜色越深,数值越大

（3）程序设计

利用灰度传感器控制蜂鸣器的工作流程如图 2.2.7 所示。利用灰度传感器控制蜂鸣器的参考程序如图 2.2.8 所示。

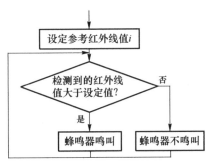

图 2.2.7　利用灰度传感器控制蜂鸣器的工作流程

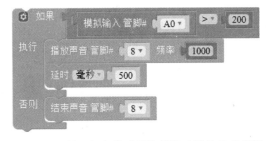

图 2.2.8　利用灰度传感器控制蜂鸣器的参考程序

拓展提升 （难度：★★★）

在生活中,反季节水果越来越多,我们可以在冬天吃到多汁的西瓜、甜美的葡萄、可口的桃子。可是你们知道反季水果在寒冷的冬天是怎么生长的吗?毫无疑问,水果生长需要适宜的环境光照,较弱或较强的环境光照都会影响水果的生长,怎么样才能将环境光照调节到适宜强度呢?同学们可以根据本任务学习的蜂鸣器内容,并联系项目一的任务5"光明的使者"的相关知识,设计出一款具有报警功能的蜂鸣器,提醒果农及时调节环境光照强度。

拓展提升的程序图片

提示:给定一个光照强度范围,当超出这个范围(大于最大值或小于最小值),蜂鸣器报警。

课堂评价

创新能力大比拼	★★★	★★	★★
创新意识之星			
创新知识之星			
创新思维之星			
创新技能之星			

课后活动

（1）加入一个按钮,要求:当按钮按下时,播放长鸣声(鸣叫2 s,停0.5 s)。

（2）加入一个LED,要求:当按钮按下时,播放长鸣声(鸣叫2 s,停0.5 s),且LED闪烁。

课后活动的程序图片

（3）寻找生活中灰度传感器的应用实例。

任务背景：就这样,每当天刚亮,地球上便出现这样一幅壮观的景象：猎豹紧紧追赶着羚羊群,猎豹和羚羊各自拼命地奔跑,在他们身后扬起滚滚黄尘……让我们为这幅景象配一首电子音乐吧!

任务3　小小歌唱家

　　大自然总是那么神奇,在我们的身边存在着许多能歌善舞的"小小歌唱家",如黄鹂鸟、蛐蛐、知了等。其实,图 2.3.1 所示的播放器就由电子器件组成,可以演奏出动听的音乐。

　　"小小歌唱家"是本项目的第三个任务名称。通过之前的学习,我们已经学习了蜂鸣器模块的使用,能够控制蜂鸣器发出固定频率的声响,在本任务中我们来学习如何利用电子器件演奏音乐。

图 2.3.1　播放器

 学习目标

（1）了解电子器件的基本特性、音名、唱名及音高和频率的关系。

（2）掌握电子器件模拟乐器的基本原理,掌握播放音阶及乐曲的方法。

（3）通过数组的定义方式,学习如何创建数组。

 热身任务：制作简易门铃（难度：★）

1. 任务描述

按下按钮时,蜂鸣器发出"叮咚"声。

2. 硬件搭建

蜂鸣器模块、按钮模块与 Arduino 核心扩展的连接如图 2.3.2 所示。蜂鸣器模块、按钮模块与 Arduino 核心扩展板的连接接口如表 2.3.1 所示。

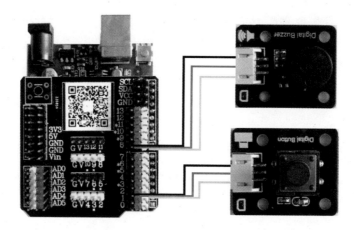

图 2.3.2　蜂鸣器模块、按钮模块与 Arduino 核心扩展板的连接

表 2.3.1　蜂鸣器模块、按钮模块与 Arduino 核心扩展板的连接接口

模块	控制器接口	控制说明
蜂鸣器模块	数字口 8	使用无源蜂鸣器，它依靠外部方波信号驱动
按钮模块	数字口 2	按钮按下时为低电平

3. 程序设计

简易门铃的参考程序如图 2.3.3 所示。

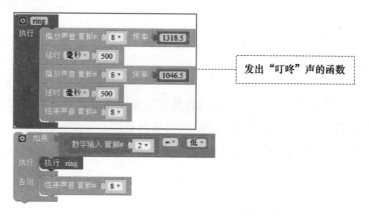

图 2.3.3　简易门铃的参考程序

1. 音乐小知识

（1）电子乐器的基本特性

如果我们能够控制好频率和节拍，那就有可能演奏出动听的音乐。电子器件模仿乐器的

基本原理:先将某种乐器的声音转换为电信号,然后分析该乐器的电信号的波形和频谱,最后利用电子技术产生与该乐器相仿的电信号。

因此,我们只要搞清楚每个音的频率(音高)、时值(长短)和强弱(信号幅度),就可以成为一个小作曲家,谱写出美妙的音乐。

(2)音高和频率的关系

一个音的音高由物体振动的频率决定。振动频率指物体振动的快慢,频率越高,物体振动越快,音高越高。那么每个音符对应的频率是多少呢?我们用常用的 C 调来说明音符和频率的关系,如表 2.3.2 所示。

表 2.3.2　音符和频率的对应表

低音	频率	中音	频率	高音	频率
1	262 Hz	1	523 Hz	1	1 047 Hz
2	294 Hz	2	587 Hz	2	1 175 Hz
3	330 Hz	3	659 Hz	3	1 319 Hz
4	349 Hz	4	698 Hz	4	1 397 Hz
5	392 Hz	5	784 Hz	5	1 568 Hz
6	440 Hz	6	880 Hz	6	1 760 Hz
7	494 Hz	7	988 Hz	7	1 976 Hz

(3)音名

音调的高低是由频率决定的。在生活中,人们用一些特定频率的音演奏出悦耳动听的曲子。通常我们将这些频率用英文字母代替,以方便记忆,这个英文字母就是它代表的那个音的音名。例如,规定 C=261.6 Hz,那么 C 就是一个音名。音名是唯一的,任何情况下,一个音名只能代表一个频率,例如,C 调永远代表 261.6 Hz。

(4)唱名

音乐课上,你肯定听到过"do""re""mi""fa""sol""la""si"吧? 这些就是唱名。因为唱出来比较简单。"la"可以对应不同的频率,可以对应 440 Hz,也可以对应 880 Hz,也可以对应 1 760 Hz。所以可以看出音名和唱名的区别:一个音名对应一个频率,一个唱名可以对应多个频率。

轻松一刻:

请说说以下歌曲是 A、B、C、D 哪个调? 并用唱名"do""re""mi""fa""sol""la""si"唱出《欢乐颂》。《欢乐颂》的简谱如图 2.3.4 所示。

欢 乐 颂

——选自《 D小调第九(合唱)交响曲》第四乐章

席　勒词
贝多芬曲
邓映易译配

1=D　4/4

3 3 4 5 | 5 4 3 2 | 1 1 2 3 | 3 · 2 2 - | 3 3 4 5 |
欢乐女神，　圣洁美丽，　灿烂光芒　照　大地!　我们心中

5 4 3 2 | 1 1 2 3 | 2 · 1 1 - ‖ 2 2 3 1 | 2 3 4 3 1 |
充满热情，　来到你的　圣　殿里!　你的力量　能使　人们

2 3 4 3 2 | 1 2 5 3 | 3 3 4 5 | 5 4 3 4 2 | 1 1 2 3 |
消除　一切　分歧,在　你光辉　照耀下,　人们团结

2 · 1 1 - ‖
成　兄弟。　Fine

图 2.3.4 《欢乐颂》简谱

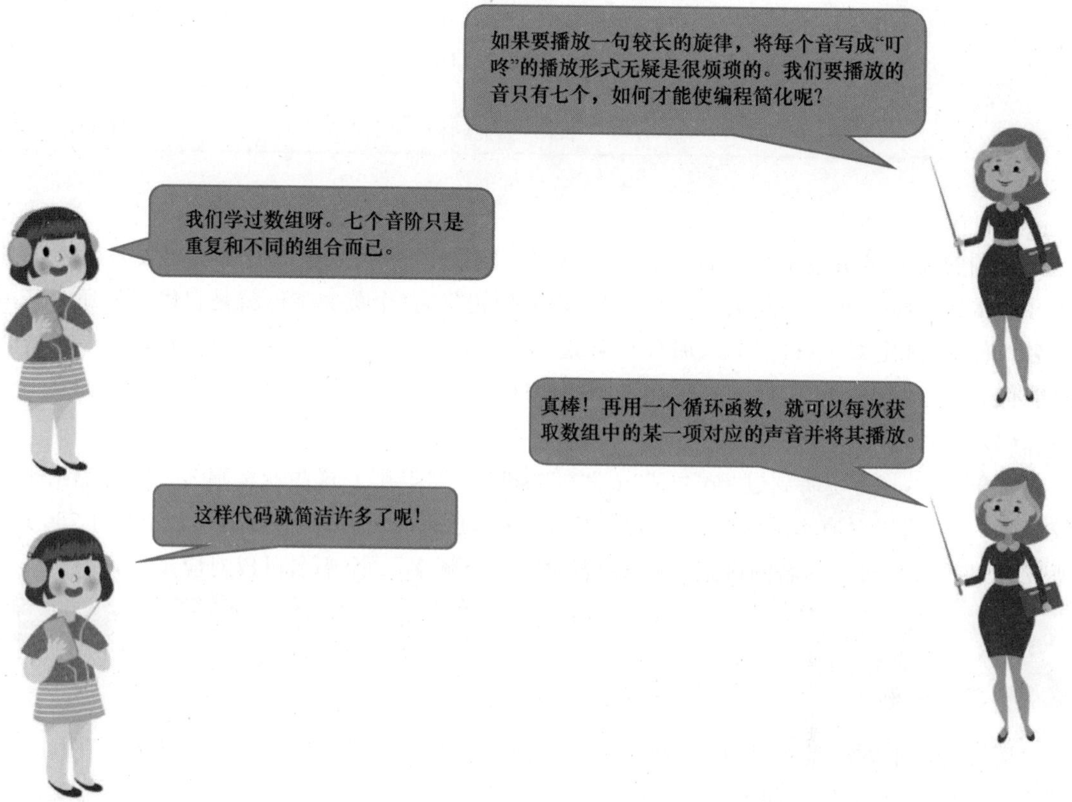

如果要播放一句较长的旋律，将每个音写成"叮咚"的播放形式无疑是很烦琐的。我们要播放的音只有七个，如何才能使编程简化呢?

我们学过数组呀。七个音阶只是重复和不同的组合而已。

真棒! 再用一个循环函数，就可以每次获取数组中的某一项对应的声音并将其播放。

这样代码就简洁许多了呢!

2. 基础任务——谱写音阶(难度:★)

(1)任务描述

播放一组音阶"do""re""mi""fa""sol""la""si"。

(2)硬件搭建

蜂鸣器模块与 Arduino 核心扩展板的连接如图 2.3.5 所示,其与 Arduino 核心扩展板的连接接口如表 2.3.3 所示。

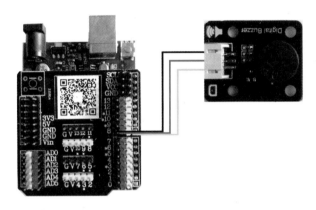

图 2.3.5　蜂鸣器模块与 Arduino 核心扩展板的连接

表 2.3.3　蜂鸣器模块与 Arduino 核心扩展板的连接接口

模块	控制器接口	控制说明
蜂鸣器模块	数字口 8	使用无源蜂鸣器,它依靠外部方波信号驱动

(3)程序设计

这段程序实现了一个简单的功能:按顺序播放一组音阶("do""re""mi""fa""sol""la""si")。程序的开头定义了一个含有 7 个元素的数组,每一个元素对应着一个音的频率。谱写音阶的参考程序如图 2.3.6 所示。

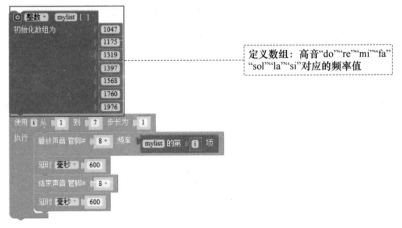

图 2.3.6　谱写音阶的参考程序

3. 基础任务——播放乐曲(难度:★★)

(1)任务描述

播放简单乐曲《欢乐颂》。

(2)硬件搭建

硬件搭建如图 2.3.5 所示。

(3)程序设计

播放《欢乐颂》的参考程序如图 2.3.7 所示。

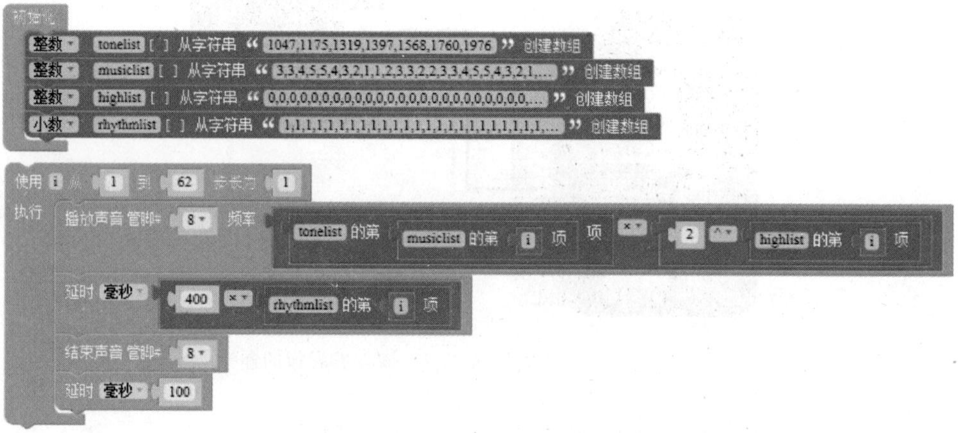

图 2.3.7 播放《欢乐颂》的参考程序

程序分析:"tonelist"数组记录了从"do"到"si"的频率;"musiclist"数组就像乐谱一样,按顺序存储了唱名;"highlist"表示这个音符所在的八度(0 代表当前音高,1 代表高 8 度,等等);"rhythmlist"数组表示每一个音符的时值,即这个音符的长短。

程序段分析:程序的整体是一个循环,每一次循环代表一个音符。程序中那一行很长的播放声音的程序是用于算出蜂鸣器播放的声音频率,方法如下:读出"musiclist"数组中的编号,再根据这个编号找到"tonelist"数组中对应的频率,得到这个频率以后,看是否需要调高八度或调低八度(当一个音变成高八度时,频率变成原频率的 2 倍,低八度时频率变成原频率的二分之一)。

拓展提升(难度:★★★)

现在我们已经学会了让蜂鸣器唱出美妙的旋律了,但它只能循环唱出固定单一的旋律,那么如何让我们的蜂鸣器唱出丰富的歌曲呢?那就让我们自己弹奏吧!需要大家使用 2 个按钮,以小组合作的方式,通过编程使每个按钮对应一首歌曲,按下按钮后播放相应的旋律。只要编写好,就能产生美妙的音乐了!赶快动手试试吧!

拓展提升的程序图片

课堂评价

创新能力大比拼	★★★	★★	★
创新意识之星			
创新知识之星			
创新思维之星			
创新技能之星			

课后活动

我们已经学习了编写一段旋律的方法：一一设定每一个音符的唱名、八度、时间，并将它们按顺序排列在数组当中。接下来，就由你自己来编写一段美丽的旋律吧！例如，让蜂鸣器播放一首《小星星》。《小星星》的简谱如图 2.3.8 所示。

课后活动的程序图片

小 星 星

1=C $\frac{4}{4}$　　　　佚名 词曲

1 1 5 5 | 6 6 5 - | 4 4 3 3 | 2 2 1 - | 5 5 4 4 | 3 3 2 - |
一闪一闪 亮晶晶， 满天都是 小星星。 挂在天上 放光明，

5 5 4 4 | 3 3 2 - | 1 1 5 5 | 6 6 5 - | 4 4 3 3 | 2 2 1 - ‖
好像许多 小眼睛。 一闪一闪 亮晶晶， 满天都是 小星星。

图 2.3.8 《小星星》的简谱

任务背景： 羚羊们终于快要到达安全的地方了，他们想知道在这一场与猎豹之间的赛跑中，双方分别用了多少时间呢？时间老人究竟眷顾何方？

任务 4　时间老人的躺椅

图 2.4.1　计时器作品

"时间老人的躺椅"是本项目的第四个任务名称，该任务将树立学习者对人工世界和人机关系的基本观念，帮助学习者以系统分析和比较权衡为核心来筹划创客作品的实现。本任务希望学习者基于技术问题进行创新性方案构思，在一系列问题解决的过程中巩固所学的控制蜂鸣器的相关编程语句内容，最终能采取一定的工艺方法将意念、方案转化为计时器实体，并能够对已有物品进行改进与优化。一个计时器作品如图 2.4.1 所示。

学习目标

（1）了解结构，理解结构稳定性的含义。

（2）通过试验，分析总结出影响结构稳定的主要因素。

（3）熟悉每个板面的结构设计，完成计时器外框的搭建。

（4）能从技术和文化的角度欣赏并评价计时器的结构设计。

学习内容

1. 热身任务——初识结构体（难度：★★）

计时器的主体结构由三部分组成：面板、支撑板和底板。

（1）面板

面板结构如图 2.4.2 所示，其上设有四个模块，分别为数码管模块、蜂鸣器模块、灰度传感器模块和按钮模块，这四个模块均设有供螺丝进行安装固定的螺丝固定孔。面板上另设四个面板安装孔和两个支撑板连接螺丝，它们可用于面板与支撑板的连接与固定。

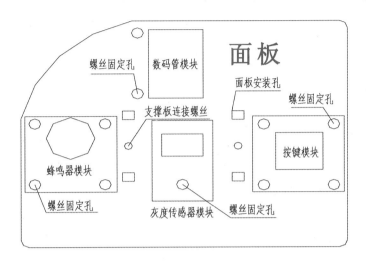

图 2.4.2 面板结构

（2）支撑板

如图 2.4.3 所示，计时器结构中有两块支撑板。两块支撑板上侧端口处与底侧端口处均设有两个凸块与一个螺丝固定孔，凸块用于支撑板与面板的面板安装孔和底板的底板安装孔连接，螺丝固定孔内部安装有螺帽，可通过螺丝实现支撑板与面板和底板的固定。

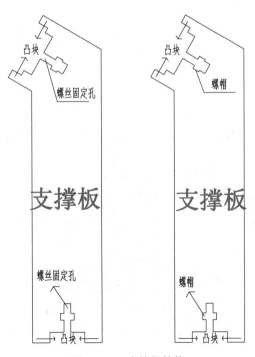

图 2.4.3 支撑板结构

（3）底板

如图 2.4.4 所示，计时器底板的一侧设有用于安装支撑板的底板安装孔和螺丝固定孔，另一侧设有核心扩展板。底板安装孔的尺寸与支撑板底侧端口处的凸块相匹配，底板安装孔用于底板与支撑板的连接，用螺丝通过螺丝固定孔将底板与支撑板固定。核心扩展板边缘设有四个核心扩展板固定孔，上述各面板上固定的模块均通过控制线与核心扩展板相连接。

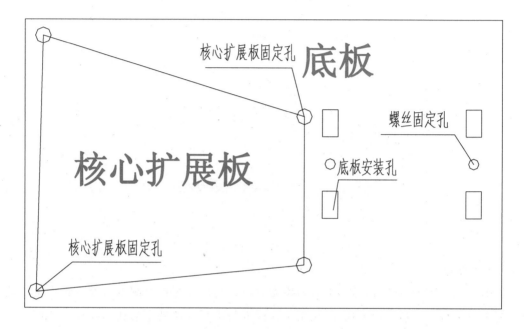

图 2.4.4　底板结构图

2. 基础任务——结构搭建（难度：★★★）

步骤 1：安装 Arduino 核心扩展板。

Arduino 核心扩展板用螺丝贯穿于底板底部，固定在底板上，如图 2.4.5 所示。

计时器组装视频

图 2.4.5　安装 Arduino 核心扩展板的示意图

步骤2:安装支撑板和面板。

首先将两块支撑板通过底板安装孔与底板相连接,用螺丝通过螺丝固定孔将支撑板固定在底板上,然后将面板通过面板安装孔与支撑板相连接,用螺丝通过螺丝固定孔将面板固定在支撑板上,如图2.4.6所示。

图2.4.6 安装支撑板和面板

步骤3:安装数码管模块、蜂鸣器模块和按钮模块。

用螺丝通过螺丝固定孔将数码管模块、蜂鸣器模块和按钮模块固定在面板上,如图2.4.7所示。

图2.4.7 安装数码管模块、蜂鸣器模块和按钮模块

注意：安装时，需要先将特定的连接螺丝固定在模块上，如图 2.4.8 所示。

图 2.4.8　将特定连接螺丝安装到各模块上

步骤 4：安装灰度传感器模块。

首先用螺丝通过螺丝固定孔将灰度传感器模块固定在面板上，然后将各模块与 Arduino 核心扩展板的引脚相连，连接接口如表 2.4.1 所示。安装完成的成品如图 2.4.9 所示。

表 2.4.1　计时器的连接端口分配表

模块	控制器接口
按钮模块	数字口 6
数码管模块	数字口 2、3、4
蜂鸣器模块	数字口 7
灰度传感器模块	模拟口 A0

图 2.4.9　安装完成的成品

哇，同学们真厉害！在这么短的时间内，任务就完成了！那么你希望时间老人眷顾何方呢？羚羊群还是猎豹群呢？

课堂评价

请从操作性能、形态等几个角度对计时器进行评价，在"程度评价"栏中标注相应的程度高低，在"评价说明"栏中填写自己的主观感受。

评价角度	程度评级	评价说明
操作性能好	低　　　　中　　　　高	
形态新颖	低　　　　中　　　　高	
牢固可靠	低　　　　中　　　　高	
人机因素	低　　　　中　　　　高	
环境因素	低　　　　中　　　　高	
易维护	低　　　　中　　　　高	

课后活动

讨论：有没有可能设计出更好的计时器结构。

任务背景：为了生存，必须要珍惜时间并且要不懈努力。羚羊们也不例外，它们在平常就需要练习奔跑的速度，以防危险的随时到来。让我们制作计时器来帮助他们，时间一到就发出警报声，以提醒羚羊们。

任务 5　时间管理者

图 2.5.1　计时器工作示意图

时光荏苒，岁月如梭。

我们时常感慨时间过得太快，期望时光静止。

"时间管理者"是本项目最后一个任务的名称。在此之前，我们已经学习了数码管、蜂鸣器、灰度传感器等模块的工作原理，完成了制作模拟骰子、播放电子音乐等指定任务。接下来我们将一起制作计时器，实现计时器的基本控制功能（包括开始计时、停止计时、继续计时、归零等）。计时器工作示意图如图 2.5.1 所示。

学习目标

（1）掌握本项目中任务 1～4 中所学的编程知识，完成计时器的制作。

（2）掌握 Arduino 核心扩展板与数码管模块、按钮模块、蜂鸣器模块、灰度传感器模块的连接方法。

（3）通过自主学习回忆之前任务所学的知识点，能够将知识连贯地应用与灵活地提取，提高自主学习与问题解决能力。

（4）制作计时器，并实现计时器的不同功能。

学习内容　（难度：★★★）

1．功能描述

（1）数码显示功能

按钮每按下一次，数码管上的计时时间就加一分钟（从 0 开始计数），一直加到预设时间，然后将时间显示在数码管上。

（2）倒计时功能

根据灰度控制数码管计时。当第 1 次检测到灰度达到设定值时，计时器开始倒计时；当第 2 次检测到灰度达到设定值时，计时器计时暂定；当第 3 次检测到灰度达到设定值时，计时器计时清零。当计时器进入倒计时状态时，数码管的点闪烁（周期为 1 s，亮 0.5 s，灭 0.5 s）。

（3）提示音功能

分别设定计时增加、计时开启、计时中断、计时清零、计时结束等提示音。

2. 硬件连接

计时器的硬件连接如图 2.5.2 所示，计时器的连接接口如表 2.5.1 所示。

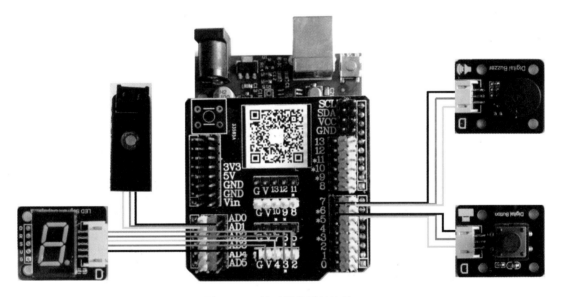

图 2.5.2　计时器的硬件连接

表 2.5.1　计时器的连接接口

模块	控制器接口	控制说明
数码管模块	数字口 2、3、4	一个上升沿脉冲送入一位输入数据，高位先入； 寄存器时钟上升沿时，将在端口上输出数据，驱动数码管
蜂鸣器模块	数字口 7	使用无源蜂鸣器，它依靠外部方波信号驱动
按钮模块	数字口 6	按钮按下时输出低电平
灰度传感器模块	模拟口 A0	按钮按下时输入低电平

3. 程序设计

（1）工作流程

计时器的工作流程如图 2.5.3 所示。

（2）主流程

按钮每按下 1 次，数码管上的计时时间就加 1 分钟（从 0 开始），一直加到预设时间，并将时间显示在数码管上。通过判断按钮是否按下以及传感器是否检测到一定灰度值，做出相应动作。主流程的参考程序如图 2.5.4 所示。

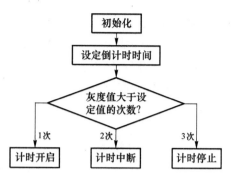

图 2.5.3　计时器的工作流程

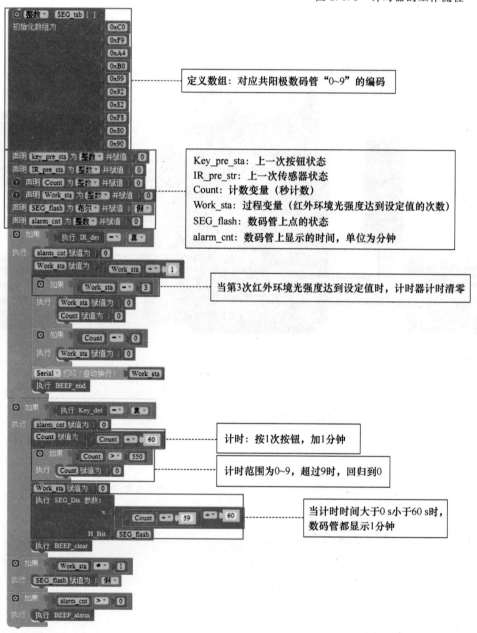

图 2.5.4　主流程的参考程序

（3）倒计时初始化

当按下按钮时，数码管开始设定计时时间。倒计时开始后，数码管右下角的小点闪烁（周期为 1 s，亮 0.5 s，灭 0.5 s），直至倒计时结束。倒计时初始化的参考程序如图 2.5.5 所示。

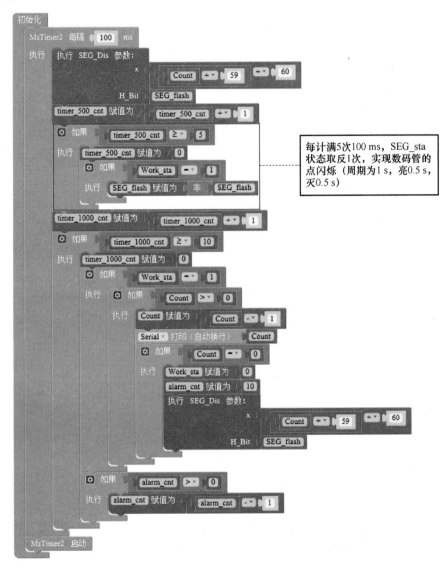

图 2.5.5　倒计时初始化的参考程序

（4）数码显示

数码显示的参考程序如图 2.5.6 所示。

（5）读按钮状态

当按钮按下时，函数返回值 result 为真，反之，为假。读按钮状态的参考程序如图 2.5.7 所示。

（6）读传感器状态

当检测到设定的灰度值时，返回值 result 为真，反之，为假。读传感器状态的参考程序如图 2.5.8 所示。

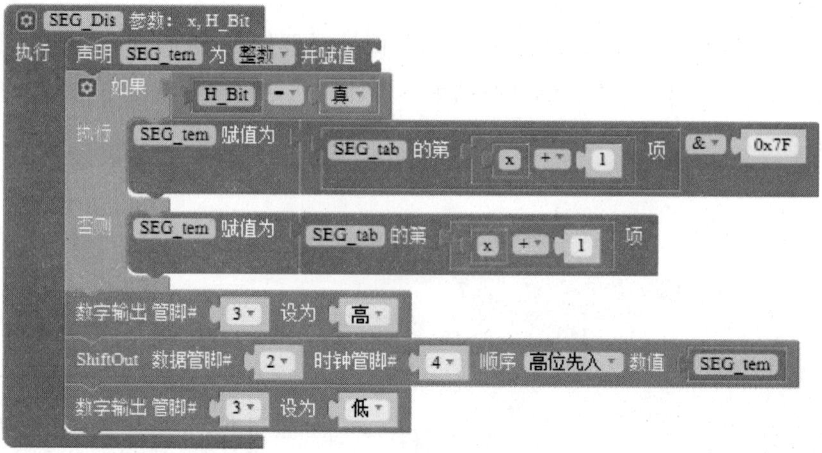

图 2.5.6　数码显示的参考程序

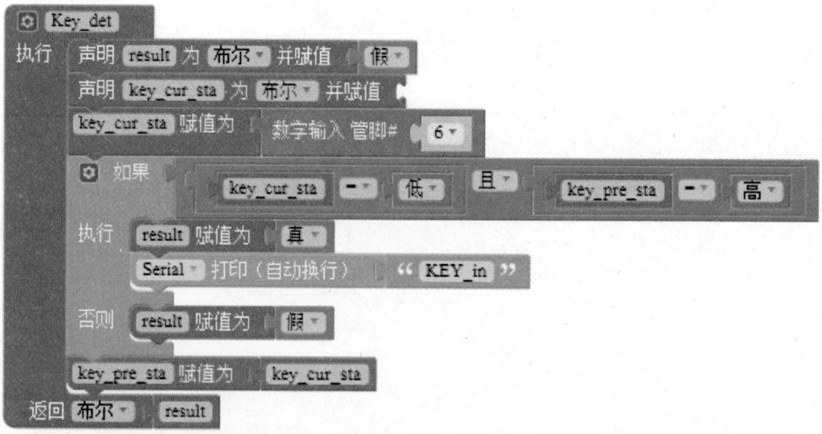

图 2.5.7　读按钮状态的参考程序

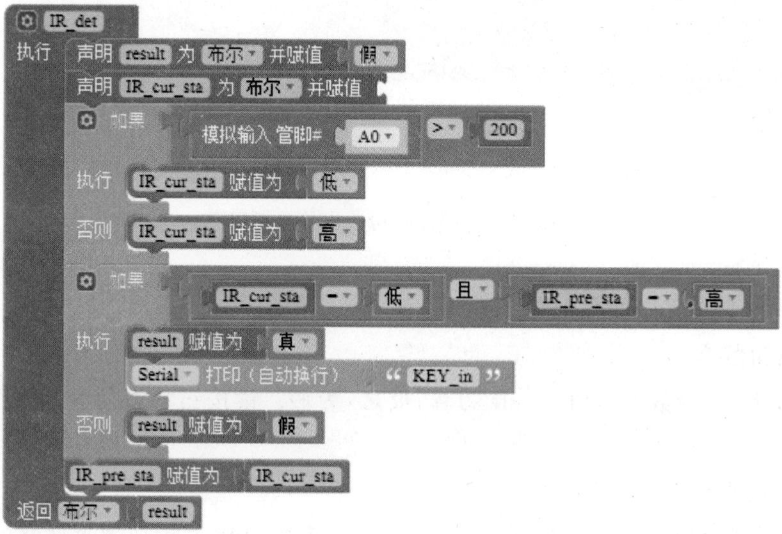

图 2.5.8　读传感器状态的参考程序

（7）提示音功能

① 增加计时开启提示音

增加计时开启提示音的参考程序如图 2.5.9 所示。

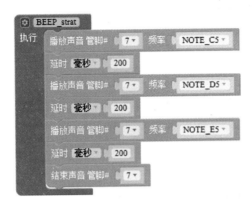

图 2.5.9　增加计时开启提示音的参考程序

② 增加计时中途停止提示音

增加计时中途停止提示音的程序如图 2.5.10 所示。

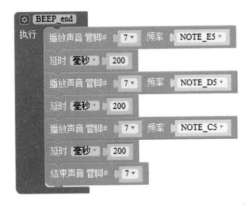

图 2.5.10　增加计时中途停止提示音的参考程序

③ 增加计时结束提示音

增加计时结束提示音的参考程序如图 2.5.11 所示。

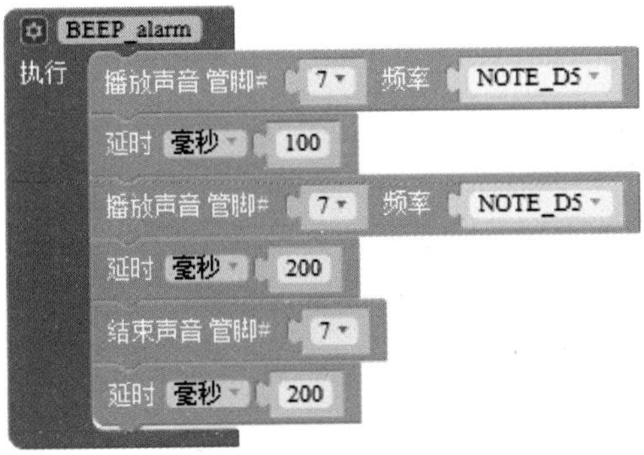

图 2.5.11　增加计时结束提示音的参考程序

④ 增加计时清零提示音

增加计时清零提示音的参考程序如图 2.5.12 所示。

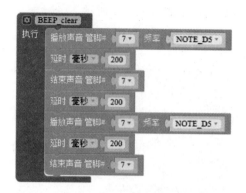

图 2.5.12　增加计时清零提示音的参考程序

⑤ 增加计时时间提示音

增加计时时间提示音的参考程序如图 2.5.13 所示。

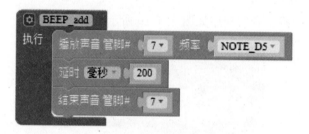

图 2.5.13　增加计时时间提示音的参考程序

 课堂评价

创新能力大比拼	★★★	★★	★
创新意识之星			
创新知识之星			
创新思维之星			
创新技能之星			

项目三　家庭守护者——家用报警器

项目背景

"曲突徙薪""焦头烂额"这对成语出自《汉书·霍光传》。有一位客人到主人家中拜访,见主人家中炉灶的烟囱是直的,旁边又堆有柴薪,便对主人说:"您家的烟囱应改为弯曲的,并将柴薪搬到远处,不然可能会发生火灾!"主人默然,不予理会。不久,主人家中果然失火,邻居们共同抢救,幸而将火扑灭。于是,主人杀牛摆酒,对邻居表示感谢,在救火中被烧伤的人坐在上座,其余的则按出力大小依次就座,却没有邀请那位建议他改弯烟囱的人。有人对这家主人说:"当初要是听了那位客人的劝告,就不用杀牛摆酒,且不会有火灾。如今论功请客酬谢,建议改弯烟囱、移走柴薪的人却没有功劳,而在救火时被烧得焦头烂额的人才是上客吗?"主人这才醒悟,将那位客人请来。

这个故事告诉我们,消防要以"防"为主,以"消"做补救措施。

任务介绍

本项目是跨领域、跨科目的综合性项目。安全防护在我们的生活

家用报警器使用视频

中尤为重要,在关键时刻自救与报警是第一步。有火灾发生时,警报声会响起,警报灯也会跟着闪烁。本项目通过向学习者提出"在日常生活中听到过哪些警报声"这个问题,请大家回忆蜂鸣器的有关知识内容,并让大家用蜂鸣器模拟警车、救护车、消防车的警笛声。在完成指定任务过程中学习者用到的传感器有火焰传感器、振动传感器。

核心素养

1. 技术意识

(1) 通过对本项目的学习,体会火焰传感器、振动传感器给生活带来的便利,感受电子创

客技术对日常生活的重要影响。

（2）通过编写规范的程序和搭建硬件，对技术的操作、套件的使用形成一定的规范和标准意识。

（3）通过动手制作家用报警器，学以致用，体验技术革新给生活带来的便利。

2．工程思维

（1）能够熟练使用 Mixly 编程软件，编写相关程序，完成"警笛呼啸""火灾预报""震动的管家"等指定任务。

（2）通过编写程序，认识到系统工程的复杂性和多样性，形成系统思维。

3．创新设计

（1）在实际操作过程中，能够积极主动地发现问题，分析问题，解决问题。

（2）针对发现的问题，能提出合理的具有创造性的解决方案，并进行实际操作。

4．图样表达

（1）能够识读程序流程图、硬件连接图、程序设计原理图等常见的图样。

（2）能用技术语言实现有形与无形、抽象与具体的思维转换。

5．物化能力

（1）通过编写程序完成指定任务，提高自主编写程序的能力和应用能力。

（2）能够独立完成所用模块的连接，提高动手实践能力。

本项目采用的模块清单

Arduino核心扩展板

数据线

LED模块

火焰传感器模块

振动传感器模块

蜂鸣器模块

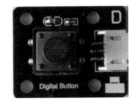

按钮模块

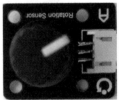

旋转角度传感器模块

任务背景：主人家中有 10 余人，在发生火灾时，如有警报声及时提醒，就可以避免一场灾难。

任务 1　警笛呼啸

前方火灾发生了，消防车来了，同时它的警报声响起，警报灯也跟着闪烁。

"警笛呼啸"是本项目的第一个任务名称。本任务我们将结合上一项目中所学的有关蜂鸣器的工作原理及应用的内容，尝试在 Mixly 编程软件中编写程序，完成蜂鸣器模块与 Arduino 核心扩展板的连接，用蜂鸣器模拟警车、救护车、消防车（如图 3.1.1 所示）的警笛声。

图 3.1.1　消防车

学习目标

（1）进一步认识蜂鸣器，学习蜂鸣器相关知识。

（2）能够编写程序实现警报声模拟，掌握编写程序方法，提高程序编写和应用能力。

（3）通过自主探究、团队合作，提高学生的团队意识和服务意识。

学习内容

1. 蜂鸣器模块

根据发声原理不同，可以把蜂鸣器分为电压式和电磁式。在本任务中，我们使用的是电磁式蜂鸣器，接通电源后，电磁式蜂鸣器依靠振动膜片周期性振动来发声。需要注意的是，声音是在内部电流产生磁场，膜片振动的一瞬间发出的。如果内部一直是直流电的话，我们只能听到很小的声音。在本任务中，我们使用的是无源蜂鸣器，这里的"源"指的是振荡源，自带"BUFF"的蜂鸣器就是有源蜂鸣器，它直接通直流电就可以发声，而无源蜂鸣器需要外部方波信号驱动才可以发声。我们使用的蜂鸣器模块如图 3.1.2 所示。

图 3.1.2 蜂鸣器模块

声音只在膜片振动的一瞬间发出，如果我们需要持续的声音该怎么办呢？

这时候就需要一个交流的驱动电路啦！

2. 基础任务——模拟警车的警笛声(难度:★)

（1）任务描述

模拟警车的警笛声。

（2）硬件搭建

蜂鸣器模块与 Arduino 核心扩展板的连接如图 3.1.3 所示。蜂鸣器模块与 Arduino 核心扩展板的连接接口如表 3.1.1 所示。

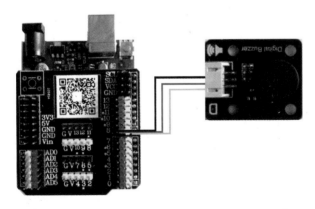

图 3.1.3 蜂鸣器模块与 Arduino 核心扩展板的连接

表 3.1.1　蜂鸣器模块与 Arduino 核心扩展板的连接接口

模块	控制器接口	控制说明
蜂鸣器模块	数字口 8	使用无源蜂鸣器,它依靠外部方波信号驱动

（3）程序设计

警车的警笛声特点如下。① 频率范围:750～1 500 Hz。② 频率变化:在由 750 变化到 1 500 和由 1 500 变化到 750 之间依次变化。模拟警车的警笛声的工作流程如图 3.1.4 所示。模拟警车的警笛声的参考程序如图 3.1.5 所示。

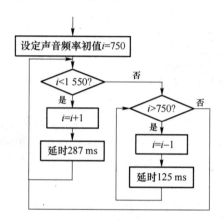

图 3.1.4　模拟警车的警笛声的工作流程

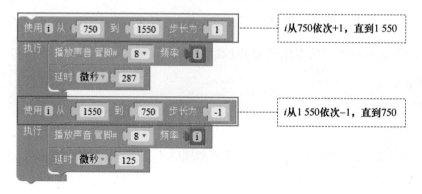

图 3.1.5　模拟警车的警笛声的参考程序

3. 基础任务——模拟救护车的报警声(难度:★)

（1）任务描述

模拟救护车的报警声。

（2）硬件搭建

此次任务的硬件搭建如图 3.1.3 所示。

（3）程序设计

模拟救护车的报警声的参考程序如图 3.1.6 所示。

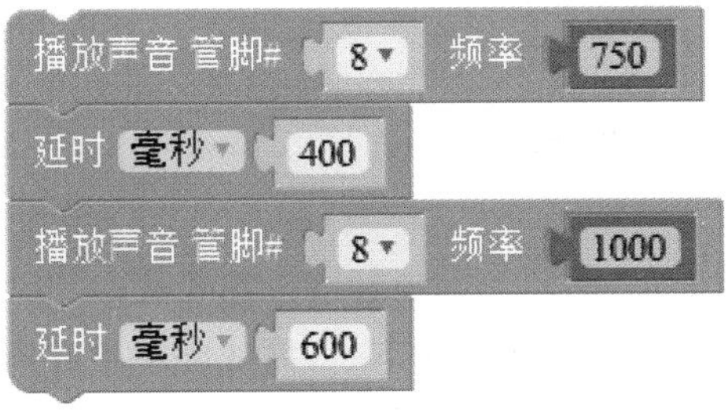

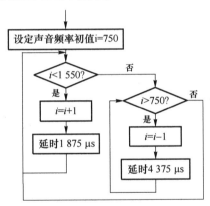

图 3.1.6　模拟救护车的报警声的参考程序

4. 基础任务——模拟火警的鸣笛声(难度:★)

(1) 任务描述

模拟消防车的鸣笛声。

(2) 硬件搭建

此次任务的硬件搭建如图 3.1.3 所示。

(3) 程序设计

火警的警笛声特点如下。① 频率范围:750～1 500 Hz。② 频率变化:在由 750 变化到 1 500 和由 1 500 变化到 750 之间依次变化。模拟火警的鸣笛声的工作流程如图 3.1.7 所示。模拟火警的鸣笛声的参考程序如图 3.1.8 所示。

图 3.1.7　模拟火警的鸣笛声的工作流程

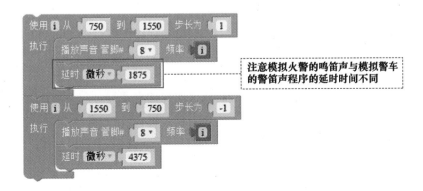

图 3.1.8　模拟火警的鸣笛声的参考程序

拓展提升 （难度：★★★）

任务描述：制作警车、救护车、消防车的报警声控制模块。

要求：引入三个按钮，当 110 警灯按钮按下时，播放警车报警声；当 120 救护车按钮按下时，播放救护车鸣笛声；当 119 火警按钮按下时，播放消防车警报声。

拓展提升的程序图片

一定要动手尝试一下哦！

课堂评价

创新能力大比拼	★★★	★★	★
创新意识之星			
创新知识之星			
创新思维之星			
创新技能之星			

课后活动

（1）完成拓展提升的任务。

（2）通过编写程序，完成其他声音的模拟，如打印机的声音等。

任务背景：家中失火时,如果户主或邻居没有及时发现,那么后果将不堪设想。请做一个可以识别火焰的装置！

任务 2　火灾预报

"火灾预报"是本项目的第二个任务名称。通过前面的学习,我们已经熟练掌握了蜂鸣器模拟警报声的方法。本节课将介绍一个全新的传感器——火焰传感器。这是一种"嗅觉灵敏"的传感器,只要接触火焰就会报警,能时刻保护我们的安全。红外火焰报警器如图 3.2.1 所示。现在让我们一起进入本任务的学习,这将会成为我们智能小家居的重要组成部分！

图 3.2.1　红外火焰报警器

学习目标

（1）认识火焰传感器,能够编写程序,使用火焰传感器识别火焰。

（2）能够制作自动灭火机器人,探究火焰传感器的更多功能。

（3）通过制作灭火机器人,感受编程的乐趣,激发探究的欲望。

学习内容

1. 火焰传感器模块

（1）介绍

火焰传感器检测火焰时利用了火焰燃烧时会产生红外光的这一特征（红外光波长超出肉眼识别区间,属于不可见光）,通过检测红外光的强弱判断有无火焰。本任务用到的火焰传

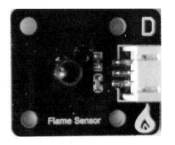

图 3.2.2　火焰传感器模块

感器模块如图 3.2.2 所示。

（2）工作原理

我们用到的火焰传感器能够探测到波长在 700~1 000 nm 范围内的红外光，探测角度为 60°。当红外光波长在 880 nm 附近时，其灵敏度达到最大。红外火焰探头将外界红外光的强弱变化转化为电流的变化，通过 A/D 转换器反映为 0~255 之间数值的变化。外界红外光越强，数值越小；外界红外光越弱，数值越大。

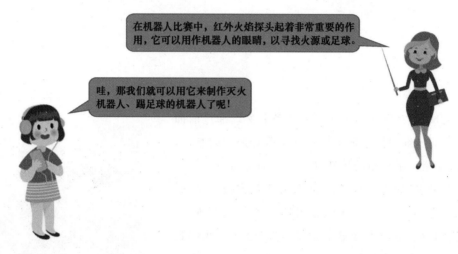

（3）注意事项

我们用的火焰传感器的插针是有极性的，安装时需要注意正负极性。如火焰传感器在使用时无反应，只要将传感器反插就可以了。其火焰探头的工作温度为 −25~85 ℃，在使用过程中应注意红外火焰探头离火焰的距离不能太近，以免造成损坏。

2. 基础任务——利用串口监视器输出火焰传感器的数值（难度：★）

（1）任务描述

读取当前火焰传感器数值，并打印在串口监视器上。

（2）硬件搭建

火焰传感器有两个输出：数字输出、模拟输出。

数字输出：向 Arduino 发送高/低电平，代表有/无火焰信号。

模拟输出：向 Arduino 发送电压信号，Arduino 可以通过检测电压高低判断火焰大小。

火焰传感器模拟与 Arduino 核心扩展板的连接如图 3.2.3 所示。火焰传感器模块与 Arduino 核心扩展板的连接接口如表 3.2.1 所示。

表 3.2.1　火焰传感器模块与 Arduino 核心扩展板的连接接口

模块	控制器接口	控制说明
火焰传感器模块	模拟口 A0	输出电压数值越高，火焰强度越小

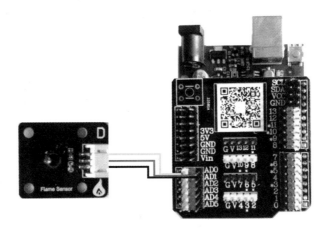

图 3.2.3 火焰传感器模块与 Arduino 核心扩展板的连接

（3）程序设计

利用串口监视器输出火焰传感器的数值参考程序如图 3.2.4 所示。程序上传成功后，打开串口监视器后可以看到火焰传感器采集的数值。

主程序执行的速度很快，可以加入延时，以方便观察。

图 3.2.4 利用串口监视器输出火焰传感器的数值参考程序

3．基础任务——实现火焰报警器（难度：★★）

（1）任务描述

有火时，LED 闪烁，报警器持续响。

（2）硬件搭建

火焰传感器模块、蜂鸣器模块与 Arduino 核心扩展板的连接如图 3.2.5 所示。火焰传感器模块、蜂鸣器模块、LED 模块与 Arduino 核心扩展板的连接接口如表 3.2.2 所示。

图 3.2.5 火焰传感器模块、蜂鸣器模块、LED 模块与 Arduino 核心扩展板的连接

表 3.2.2　火焰传感器模块、蜂鸣器模块、LED 模块与 Arduino 核心扩展板的连接接口

模块	控制器接口	控制说明
火焰传感器模块	模拟口 A0	输出电压数值越高，火焰强度越小
蜂鸣器模块	数字口 8	使用无源蜂鸣器，它依靠外部方波信号驱动
LED 模块	数字口 2	高电平点亮 LED

（3）程序设计

火焰报警器的工作流程如图 3.2.6 所示。火焰报警器的参考程序如图 3.2.7 所示。

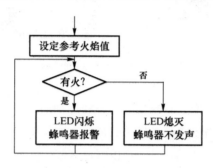

图 3.2.6　火焰报警器的工作流程

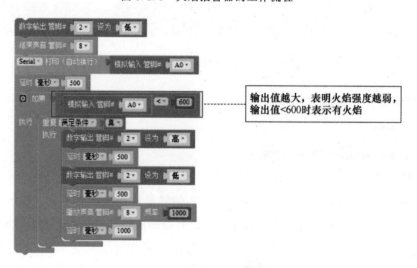

输出值越大，表明火焰强度越弱，输出值<600时表示有火焰

图 3.2.7　火焰报警器的参考程序

拓展提升　（难度：★★★）

通过上一个任务，我们已经实现了当发现有火时，LED 闪烁，报警器持续响。那么接下来请小组合作实现：发现有火时，LED 闪烁，发出警报声；按下按钮后，警报声消除。

拓展提升的程序图片

课堂评价

创新能力大比拼	★★★	★★	★
创新意识之星			
创新知识之星			
创新思维之星			
创新技能之星			

课后活动

（1）想一想：火焰传感器工作时会不会受到干扰？如果会，我们应该如何避免呢？

（2）完善我们的智能小家居，实现火灾检测的功能：当检测到火灾，蜂鸣器报警，并在串口监视器中显示火灾传感器检测到的数值。

拓展提升的程序图片

任务背景：家中失火后，主人吃一堑，长一智。为了防微杜渐，他决定安装一个防盗报警器。

任务3 震动的管家

图 3.3.1　运动鞋鞋灯

"震动的管家"是本项目的第三个任务名称。振动传感器是一种能够检测震动的传感器。振动传感器里面起作用的其实是滚珠开关。滚珠开关内部含有导电珠子，传感器一旦震动，珠子随之滚动，使两端导通。只要振动传感器检测到东西震动，就会有信号输出，我们可以用这一原理做一些作品，如小玩具、运动鞋鞋灯（如图 3.3.1 所示）、电子秤等。在本任务中我们将利用振动传感器制作一个防盗报警器。

学习目标

（1）了解振动传感器的原理及其应用，掌握中断语句的编写方法。

（2）能够在 Mixly 编程软件中编写程序，完成硬件搭建与防盗报警器的制作。

（3）通过自主探究振动传感器的功能，检测传感器的震动强度，体验创客带来的乐趣。

学习内容

1. 振动传感器模块

（1）介绍

我们用到的振动传感器模块是一款即插即用的数字传感器模块，如图 3.3.2 所示。它可以检测到震动信号，然后将震动信号输出到 Arduino 核心扩展板，使用控制线可以很方便地控制相应输出设备的工作状态。它可以以任意角度触发,感知微弱震动信号,是一种弹簧型无方向震动感应器件。此款振动传感器产品在静止时,任何角度都为"OFF"状态;当受到外力碰撞或者大力晃动时,弹簧变形,中心电极接触导通,此时为"ON"状态;当外力消失时,电路恢复为"OFF"状态。

> 振动传感器适合小电流震动电路检测,已经被广泛用于玩具、鞋灯、防盗报警器、电子秤等产品。

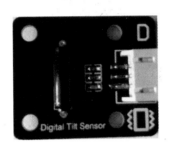

图 3.3.2　振动传感器模块

(2) 使用说明

* 当外力震动达到适当的震动力时,导电针将瞬间开启("ON"状态)。
* 检测无方向,任何角度都可能检测震动。
* 适用于小电流电路(二次回路)或(IC)的触发。
* 在室温和正常使用情况下,开关使用寿命可达 10 万次。
* 供电电压:和所用控制器保持一致。
* 开启时间:0.1 ms(建议使用中断捕捉)。
* 开路电阻:10 MΩ。
* 当检测到震动时,传感器输出为高电平。

2. 基础任务——检测震动并打印显示次数(难度:★)

(1) 任务描述

利用振动传感器检测震动,并将震动次数进行累加,同时利用串口监视器打印读数。

(2) 硬件搭建

振动传感器模块与 Arduino 核心扩展板的连接如图 3.3.4 所示。振动传感器模块与 Arduino 核心扩展板的连接接口如表 3.3.1 所示。

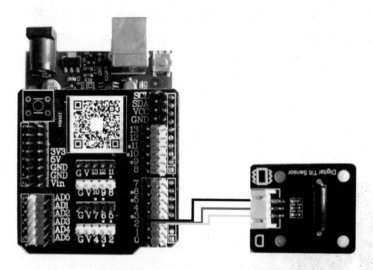

图 3.3.3　振动传感器模块与 Arduino 核心扩展板的连接

表 3.3.1　振动传感器模块与 Arduino 核心扩展板的连接接口

模块	控制器接口	控制说明
振动传感器模块	数字口 3	当检测到震动时，传感器输出为高电平

（3）程序设计

检测震动次数并打印显示的工作流程如图 3.3.4 所示。检测震动次数并打印显示的参考程序如图 3.3.5 所示。

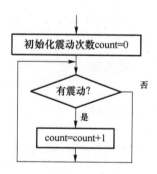

图 3.3.4　检测震动次数并打印显示的工作流程

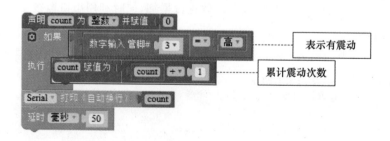

图 3.3.5　检测震动次数并打印显示的参考程序

3. 基础任务——完成防盗报警器(难度:★★)

(1)任务描述

发生震动时,LED闪烁,防盗报警器持续响。

(2)硬件搭建

振动传感器模块、LED模块、蜂鸣器模块与Arduino核心扩展板的连接如图3.3.6所示。振动传感器模块、LED模块、蜂鸣器模块与Arduino核心扩展板的连接接口如表3.3.2所示。

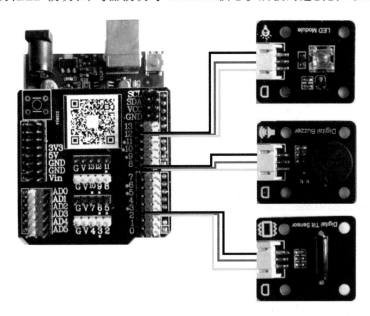

图3.3.6　振动传感器模块、LED模块、蜂鸣器模块与Arduino核心扩展板的连接

表3.3.2　振动传感器模块、LED模块、蜂鸣器模块与Arduino核心扩展板的连接接口

模块	控制器接口	控制说明
振动传感器模块	数字口3	当检测到震动时,传感器输出为高电平
蜂鸣器模块	数字口8	使用无源蜂鸣器,它依靠外部方波信号驱动
LED模块	数字口12	高电平点亮LED

(3)程序设计

防盗报警器的工作流程如图3.3.7所示。防盗报警器的参考程序如图3.3.8所示。

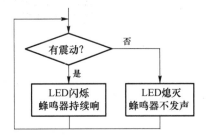

图3.3.7　防盗报警器的工作流程

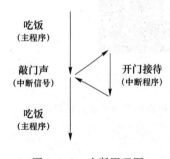

图 3.3.8　防盗报警器的参考程序

知识链接：外部中断的使用

（1）什么是中断？

吃饭
（主程序）

敲门声
（中断信号）

开门接待
（中断程序）

吃饭
（主程序）

图 3.3.9　中断原理图

【情景再现】你正在家里吃饭，这时传来了敲门声，虽然你很饿，但不得不放下碗筷去开门。打开门后，你发现只是一个查水表的工作人员，你检查了水表读数并告诉了他。关上门，你又立即投入到与食物的作战中……

【情景分析】对你而言，最重要的是吃饭（主程序），而敲门声（中断信号）让你不得不去开门接待客人（中断函数）。完成这个小插曲后，你又要投入吃饭（主程序）中。这就是生活中的中断现象，即在正常工作过程中突然被外部事件打断。

【情景模拟】假设你正在认真学习或工作，突然朋友来电，你不得不去接电话。通话结束后，你又投入到学习或工作中。

主程序：_____　　　中断信号：_____　　　中断函数：_____

其实，这也是生活中的"中断"现象，那你能区分出其中的主程序、中断信号，中断函数吗？

（2）中断函数、中断触发模式与设置中断

中断函数就是你要去执行的函数，这个函数不能带任何参数，且没有返回值。

中断触发模式就是你的中断触发方式。在大多数 Arduino 上有以下几种触发方式。

LOW：低电平触发。

CHANGE：边沿触发。

RISING：上升沿触发。

FALLING：下降沿触发。

HIGH：高电平触发。

定义好中断函数，并选择合适的外部中断模式后，在程序的执行部分配置好中断函数（如图 3.3.8 所示）。

图 3.3.10　中断函数的程序

　拓展提升　（难度：★★★）

要求：尝试利用中断原理，实现基础任务——防盗报警器的制作。

　课堂评价

拓展提升的程序图片

创新能力大比拼	★★★	★★	★
创新意识之星			
创新知识之星			
创新思维之星			
创新技能之星			

任务背景：主人请来了镇上的一位能工巧匠,请他帮助自己设计一款家用报警器,这款家用报警器既能提示火灾情形,又能进行防盗警示。

任务 4　家庭警察的外衣

图 3.4.1　家用报警器作品

　　"家庭警察的外衣"是本项目的第四个任务名称,本任务将树立学习者对人工世界和人机关系的基本观念,帮助学习者以系统分析和比较权衡为核心来筹划创客作品的实现。在本任务中,学习者要基于技术问题进行创新性方案构思,在一系列问题解决的过程中巩固蜂鸣器、火焰传感器、振动传感器等内容,最终采取一定的工艺方法将意念、方案转化为项目实体,并能够对已有物品进行改进与优化。家用报警器的作品如图 3.4.1 所示。

 学习目标

（1）熟悉每个板面的结构设计,完成家用报警器外框的搭建。

（2）了解结构的含义,理解结构与功能的关系。

（3）理解所有产品设计都是建立在人、物和环境三者相互作用分析的基础上的。

（4）学会分析结构的稳定性。

 学习内容

1. 热身任务——初识结构体（难度：★★）

　　家用报警器的主体结构由六块面板组成,分别为上面板、下面板、左面板、右面板、前面板与后面板。

（1）上面板

家用报警器上面板的结构如图 3.4.2 所示，其中部设有 LED 模块，在与前后面板相接的位置分别设有一个凸块安装孔，在 LED 模块一侧设有顶板线路孔。LED 模块与核心扩展板通过控制线相连接，控制线贯穿通过顶板线路孔。上面板的四角处均设有螺丝固定孔，该螺丝固定孔用于上面板与前后面板的固定。

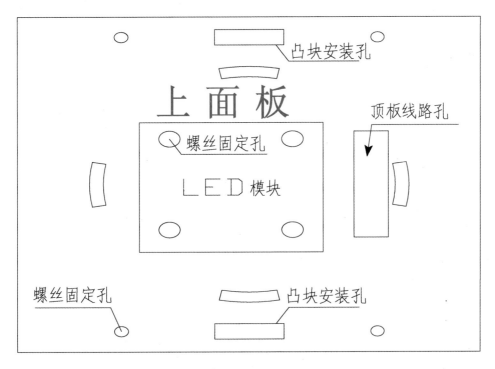

图 3.4.2　家用报警器上面板的结构

（2）前面板

如图 3.4.3 所示，前面板上设有振动传感器模块与其他模块。前面板在靠近上面板的位置设有两个顶板线路孔与一个凸块，顶板线路孔用于穿越振动传感器模块与其他模块的控制线，以便前面板与下面板的核心扩展板相连接。前面板的两侧分别设有两个凸块安装孔，这两个凸块安装孔用于前面板与左右面板的连接。在前面板靠近上下面板的位置分别设有两个螺丝固定孔与一个凸块，凸块用于前面板与上下面板的凸块安装孔连接，螺丝固定孔内部安装有螺帽，可通过螺丝实现前面板与上下面板的固定。

（3）后面板

如图 3.4.4 所示，家用报警器结构的后面板上设有火焰传感器模块与蜂鸣器模块。后面板在靠近上面板的位置设有两个顶板线路孔与一个凸块，其两侧分别设有两个凸块安装孔。在其靠近下面板的位置设有两个螺丝固定孔与一个凸块，凸块用于后面板与上下面板的凸块安装孔连接，螺丝固定孔内部安装有螺帽，可通过螺丝实现后面板与上下面板的固定。

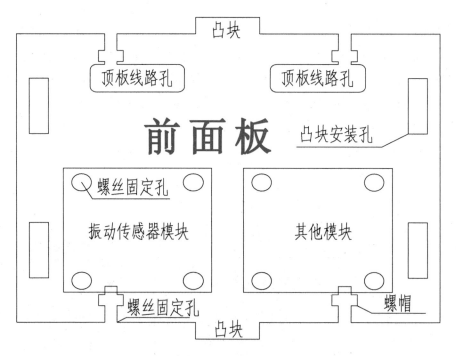

图 3.4.3　家用报警器前面板的结构

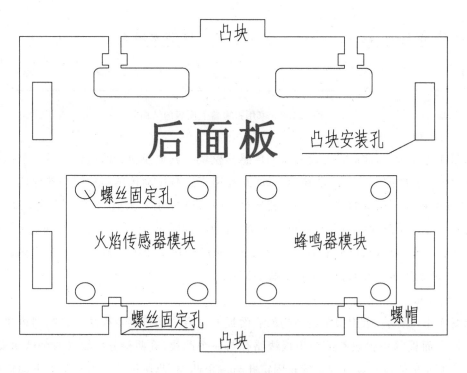

图 3.4.4　家用报警器后面板的结构

（4）左面板

如图 3.4.5 所示,家用报警器结构的左面板在与前后面板相接的位置分别设有两个凸块,这两个凸块左面板用于与前后面板的凸块安装孔连接。

图 3.4.5　家用报警器左面板的结构

（5）右面板

如图 3.4.6 所示,家用报警器结构的右面板上设有两个其他模块的过线孔,且在右面板与前后面板相接的位置分别设有两个凸块,在与下面板相接的位置也设有一凸块,这些凸块分别用于右面板与前面板、后面板、下面板凸块安装孔的连接。

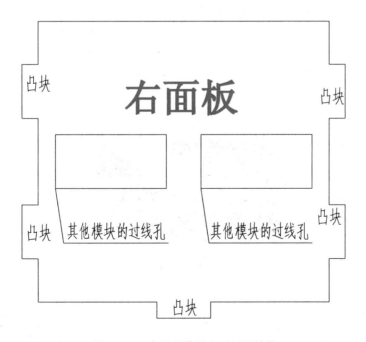

图 3.4.6　家用报警器右面板的结构

（6）下面板

如图3.4.7所示，家用报警器结构的下面板设有三个凸块安装孔、四个螺丝固定孔与四个核心扩展板固定孔。下面板用于固定核心扩展板。上述各面板上固定的模块均通过经过相对应的线路孔中的控制线与核心扩展板相连接。

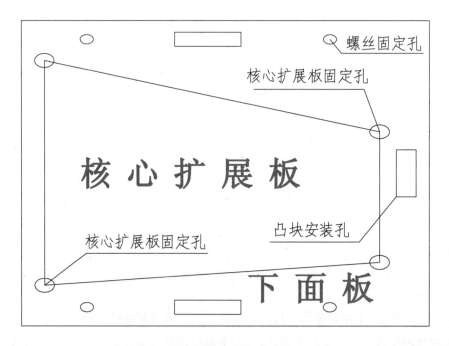

图3.4.7　家用报警器下面板的结构

2. 基础任务——结构搭建（难度：★★★）

步骤1：安装Arduino核心扩展板。

Arduino核心扩展板由螺丝贯穿于下面板底部，固定在下面板上，如　家用报警器安装视频

图3.4.8所示。

图3.4.8　Arduino核心扩展板的安装示意图

步骤2：固定侧面板。

用螺丝通过螺丝固定孔的螺母将前面板、后面板、左面板和右面板固定在下面板上，如图3.4.9所示。

图 3.4.9　侧面板固定

步骤 3：安装火焰传感器模块和蜂鸣器模块。

用螺丝通过螺丝固定孔将火焰传感器模块和蜂鸣器模块固定在后面板上，控制线穿越线路孔，实现两模块与核心扩展板的连接，如图 3.4.10 所示。

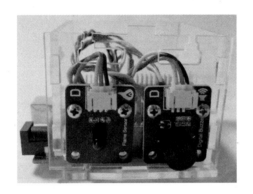

图 3.4.10　安装火焰传感器模块和蜂鸣器模块

步骤 4：安装振动传感器模块和按钮模块。

用螺丝通过螺丝固定孔将振动传感器模块和按钮模块固定在前面板上，控制线穿越线路孔，实现两模块与核心扩展板的连接，如图 3.4.11 所示。

图 3.4.11　安装振动传感器模块和按钮模块

注意：安装时振动传感器需要倾斜，金色引脚要低于银色引脚。

步骤 5:安装 LED 模块。

用螺丝通过螺丝固定孔将 LED 模块固定在上面板,控制线穿越线路孔,实现 LED 模块与核心扩展板的连接,如图 3.4.12 所示。

图 3.4.12　LED 模块安装

步骤 6:固定上面板。

将各模块与 Arduino 核心扩展板的引脚相连,连接接口如表 3.4.1 所示。然后通过螺丝将上面板固定在前后面板上,如图 3.4.13 所示。

表 3.4.1　家用报警器的连接端口分配表

模块	控制器接口
振动传感器模块	数字口 3
按钮模块	数字口 4
蜂鸣器模块	数字口 8
LED 模块	数字口 12
火焰传感器模块	模拟口 A0

图 3.4.13　固定上面板

家用报警器的结构我们已经组建完成，下个任务我们将给它的头脑注入思想，让家用报警器能在家庭警察的岗位上做得更好！

课堂评价

请从操作性能、形态等几个角度对家用报警器进行评价，在"程度评价"栏中标注相应的程度高低，在"评价说明"栏中填写自己的主观感受。

评价角度	程度评价	评价说明
操作性能好	低　　中　　高	
形态新颖	低　　中　　高	
牢固可靠	低　　中　　高	
人机因素	低　　中　　高	
环境因素	低　　中　　高	
易维护	低　　中　　高	

课后活动

讨论：有没有可能设计出更好的结构？为家用报警器穿上实用、华丽的"新衣"。

任务背景： 这下主人终于可以安心了，能工巧匠制作的家用报警器不仅可以在第一时间侦测火焰，还可以预防小偷。这款家用报警器可谓是防火、防盗的居家小能手啊！

任务5　家庭守护者

　　"家庭守护者"是我们本项目最终任务的名称。通过完成之前的任务，我们已经能够使用蜂鸣器模块播放救护车、消防车、警车的报警声，还能用振动传感器制作防盗报警器。在本任务中我们将结合前面所学过的知识，通过 Mixly 编程软件编写程序，完成硬件搭建，并制作我们的家用报警器。家用报警器的工作图片如图 3.5.1 所示。

图 3.5.1　家用报警器工作图片

学习目标

（1）能熟练掌握火焰传感器和振动传感器模块的工作原理及其在生活中的应用。

（2）能够完成蜂鸣器模块、振动传感器模块、火焰传感器模块、按钮模块与 Arduino 核心扩展板的端口连接。

（3）通过制作家用报警器，收获成就感，体验小发明带来的乐趣。

任务串联

1. 基础任务（难度：★）

（1）任务描述

当家中起火或有不速之客闯入时，LED 闪烁，报警器持续响。

（2）硬件搭建

火焰传感器模块、振动传感器、蜂鸣器模块、LED 模块与 Arduino 核心扩展板的连接如图 3.5.2 所示。火焰传感器模块、振动传感器模块、蜂鸣器、LED 模块与 Arduino 核心扩展板的连接接口如表 3.5.1 所示。

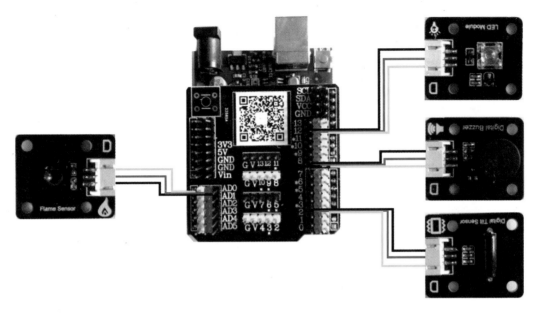

图 3.5.2　火焰传感器模块、振动传感器、蜂鸣器模块、LED 模块与 Arduino 核心扩展板的连接

表 3.5.1　火焰传感器模块、振动传感器模块、蜂鸣器、LED 模块与 Arduino 核心扩展板的连接接口

模块	控制器接口	控制说明
火焰传感器模块	模拟口 A0	输出电压数值越高表示火焰强度越小
振动传感器模块	数字口 3	当检测到震动时，传感器输出为高电平
蜂鸣器模块	数字口 8	使用无源蜂鸣器，它依靠外部方波信号驱动
LED 模块	数字口 12	高电平点亮 LED

（3）程序设计

基础任务中的报警器的工作流程如图 3.5.3 所示。基础任务中的报警器的参考程序如图 3.5.4 所示。

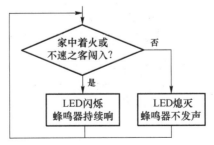

图 3.5.3　基础任务中的报警器的工作流程

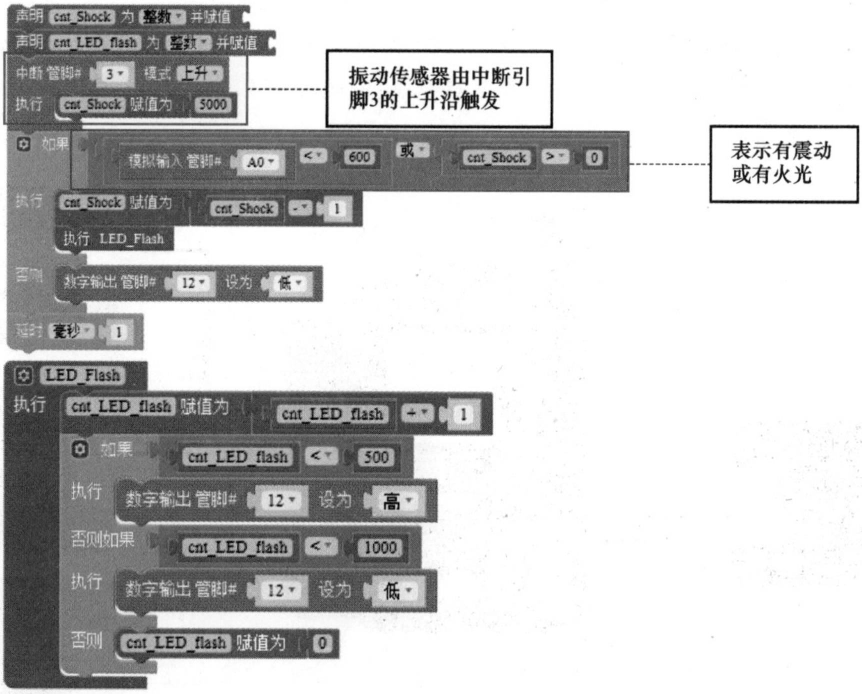

声明 cnt_Shock 为 整数 并赋值

声明 cnt_LED_flash 为 整数 并赋值

中断 管脚# 3 模式 上升

执行 cnt_Shock 赋值为 5000

振动传感器由中断引脚3的上升沿触发

如果 模拟输入 管脚# A0 < 600 或 cnt_Shock > 0

表示有震动或有火光

执行 cnt_Shock 赋值为 cnt_Shock - 1

执行 LED_Flash

否则 数字输出 管脚# 12 设为 低

延时 毫秒 1

LED_Flash

执行 cnt_LED_flash 赋值为 cnt_LED_flash + 1

如果 cnt_LED_flash < 500

执行 数字输出 管脚# 12 设为 高

否则如果 cnt_LED_flash < 1000

执行 数字输出 管脚# 12 设为 低

否则 cnt_LED_flash 赋值为 0

图 3.5.4　基础任务中的报警器的参考程序

2. 进阶任务(难度:★★)

(1) 任务描述

当红外光强度(即火焰的大小)低于预设数值(外界红外光越强)时,报警器持续发出长鸣声(鸣叫 2 s,停 0.5 s)。

当有震动时,报警器持续打出滴滴短声(鸣叫 0.5 s,停 0.5 s)。

(2) 硬件搭建

进阶任务中各模块与 Arduino 核心扩展板的连接如图 3.5.5 所示。各模块与 Arduino 核心扩展板的连接接口如表 3.5.2 所示。

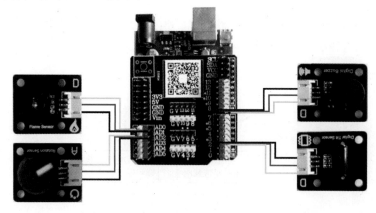

图 3.5.5　进阶任务中各模块与 Arduino 核心扩展板的连接

表 3.5.2　进阶任务的连接接口

模块	控制器接口	控制说明
火焰传感器模块	模拟口 A0	输出电压数值越高表示火焰强度越小
旋转角度传感器模块	模拟口 A1	把 0～1 023 内的数按比例转化成 0～255 之间的数,再模拟输出
振动传感器模块	数字口 3	当检测到震动时,传感器输出为高电平
蜂鸣器模块	数字口 8	使用无源蜂鸣器,它依靠外部方波信号驱动

（3）程序设计

进阶任务中的报警器的工作流程如图 3.5.6 所示。进阶任务中的报警器的参考程序如图 3.5.7 所示。

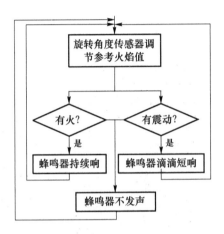

图 3.5.6　进阶任务中的报警器的工作流程

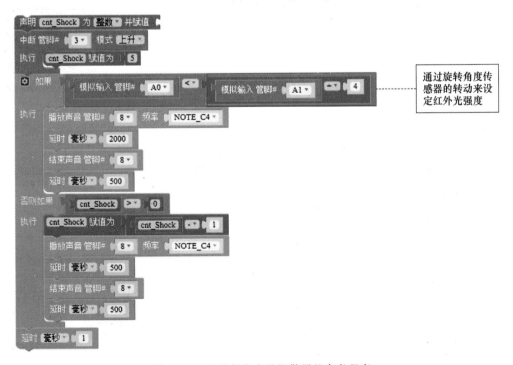

图 3.5.7　进阶任务中的报警器的参考程序

3. 提高任务(难度:★★★)

(1)任务描述

当家中起火或有不速之客闯入时,LED闪烁,发出警笛声报警,并且报警声音频率逐次增加,直到按下按钮时,警报声停止。

(2)硬件搭建

提高任务中各模块与Arduino核心扩展板的连接如图3.5.8所示。提高任务中各模块与Arduino核心扩展板的连接接口如表3.5.3所示。

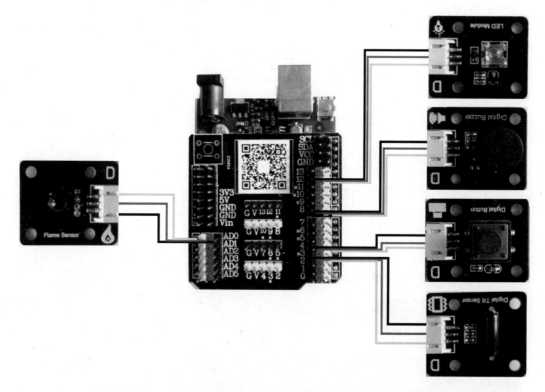

图3.5.8　提高任务中各模块与Arduino核心扩展板的连接

表3.5.3　提高任务中各模块与Arduino核心扩展板的连接接口

模块	控制器接口	控制说明
火焰传感器模块	模拟口A0	输出电压数值越高表示火焰强度越小
LED模块	数字口12	高电平点亮LED
振动传感器模块	数字口3	当检测到震动时,传感器输出为高电平
蜂鸣器模块	数字口8	使用无源蜂鸣器,它依靠外部方波信号驱动
按钮模块	数字口4	按钮按下时为低电平

(3)程序设计

提高任务中的报警器的工作流程如图3.5.9所示。提高任务中的报警器的参考程序如

图 3.5.10 所示。

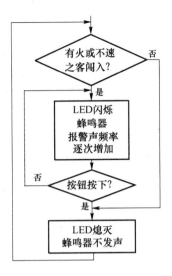

图 3.5.9 提高任务中的报警器的工作流程

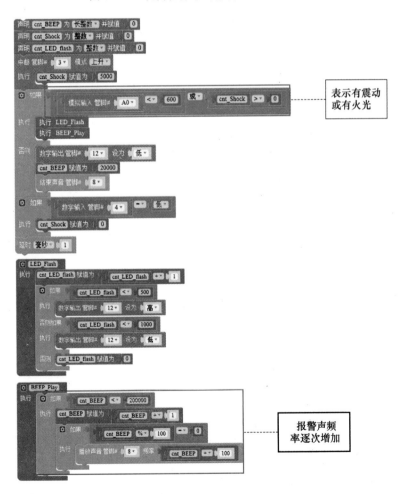

图 3.5.10 提高任务中的报警器的参考程序

课堂评价

创新能力大比拼	★★★	★★	★
创新意识之星			
创新知识之星			
创新思维之星			
创新技能之星			

项目四　凉意散播者——遥控风扇

项目背景

炎热的夏天来了,小羚羊的妈妈要带孩子们到高山地带避暑。小羚羊想,还有许多小伙伴也热得难受,得约大家一起去。

"谁要跟我去避暑?"小羚羊一边走,一边喊。

一匹小红马奔跑过来,对小羚羊说:"我不去,我一出汗就像洗冷水澡一样凉快。"原来小红马身上有许多汗腺,热了就会出很多汗,可以调节体温,防止中暑,所以小红马不需要避暑。

小羚羊心想:听说小黑狗身上没有汗腺,一定热得受不了,我去约它避暑吧! 小羚羊对小黑狗说:"小黑狗弟弟,高山地带凉快极了,你跟我一起去避暑,好吗?""谢谢你。"小黑狗摆摆尾巴说,"我身上没有汗腺,可我舌头上有许多汗腺呢! 我伸伸舌头,它就会排汗,就可以调节体温了!"

小羚羊又走进林子里去约小松鼠,走到一棵大树旁,看见小松鼠在树枝间蹦来跳去。小松鼠对小羚羊说:"夏天到来之前,我就脱掉了冬天的厚皮毛衣,换上了薄薄的夏装啦!"小松鼠也不需要避暑,小羚羊好失望呀!

任务介绍

遥控风扇使用视频

本项目是跨领域、跨科目的综合性项目。在项目开始时,同学们一起思考探讨:是什么解决了炎炎夏日的烦恼? 目前市面上已有很多智能风扇,它们解决了空调温度过冷、普通风扇噪音大而导致人们无法入眠等难题。本项目在借鉴智能风扇的基础上,设计具有换挡、调速、温湿度检测等功能的风扇。通过风扇各个不同功能的实现过程,让学习者掌握电机、舵机的控制方法,学习红外遥控器、温湿度传感器的使用方法。

核心素养

1．技术意识

（1）能就电机控制这一技术领域对人、社会、环境的影响做出理性分析，形成技术的安全和责任意识、技术伦理与道德意识。

（2）能把握电机模块、温湿度传感器模块、红外遥控模块与舵机模块的基本特性，理解电机挡位切换、舵机的工作原理，并能积极主动地动手操作，形成对技术的理解。

2．工程思维

（1）能形成以系统分析与比较权衡为核心的策划性思维，认识到各任务系统与各模块之间的联系，理解系统与工程的多样性和复杂性。

（2）能运用系统分析的方法，对各个模块的工作原理进行要素分析、整体规划，完成电机控制、电机调速等任务。

（3）能领悟结构、流程、系统、控制等基本思想，并且能够加以应用。

3．创新设计

（1）能在完成风扇正反转、调速、摇头等任务的基础上，提出合理的、具有一定创造性的构思方案。

（2）能积极主动地发现与明确问题，能运用相关理论综合分析，并能提出合理的、具有创造性的解决方案，并能进行实际操作。

4．图样表达

（1）能运用图形样式对意念中或客观存在的技术对象进行可视化的描述和交流。

（2）能识读程序流程图等常见的技术图样。

（3）能用技术语言实现有形与无形、抽象与具体的思维转换。

5．物化能力

（1）知晓电机、舵机、温湿度传感器、红外遥控等模块的使用方法，通过完成任务获得一定的操作经验和感悟。

（2）能独立完成基础任务以及拓展提升任务，具有较强的动手实践与创造能力。

本项目采用的模块清单

Arduino核心扩展板

数据线

电机模块

舵机模块

数码管模块

按钮模块

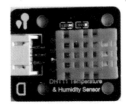

温湿度传感器模块

红外遥控器套件

任务背景： 小羚羊的妈妈看到小羚羊失望的眼神，非常心疼。小羚羊妈妈想让小羚羊快乐地度过这个炎热的夏天。那我们就帮助小羚羊做一个可以纳凉的风扇吧！

任务 1　转动的源泉

图 4.1.1　风扇

在商场、图书馆、旅游景点等随处可见的自动扶梯可将我们送上目的楼层，这解放了大家的双脚，方便了大家的行动，那么电梯转动的动力是什么呢？它其实就是我们熟知的电机，俗称"马达"。我们夏日的伴侣——风扇（如图 4.1.1 所示），它转动的源泉也是电机。在本任务中我们将学习电机的工作原理和工作过程，并通过编写程序控制风扇的正转和反转。我们将感受电机为我们的生活带来的便利。

学习目标

（1）认识电机及其工作原理和工作过程。

（2）能写出控制电机正反转的程序。

（3）在学习电机控制的过程中，体验编程为我们生活带来的便捷。

学习内容

1. 直流电机模块

（1）直流电机

电机是指依据电磁感应定律实现电能转换或传递的一种电磁装置。

　　直流电机(Direct Current Motor)是最常见的电机类型。直流电机通常有两个引线:一个正极和一个负极。如果将这两根引线直接连接到电池,电机将开始旋转。如果调换引线的正负极,电机将以相反的方向旋转。直流电机如图 4.1.2 所示。

　　(2) 电机模块

　　电机模块(如图 4.1.3 所示)由直流电机和螺旋桨构成,使用 PH2.0 接口,使用数字连接线可以很方便地将其连接到传感器扩展板上。电机模块的电流小、转速高,并且带小舵机盘安装孔,使用灵活。该模块不需要额外的电机驱动板,既可以使用 Arduino 轻松驱动,也可以使用 PWM 脉冲宽度来调节电机转速,适用于搭建风车、DIY 电风扇、制作灭火机器人等。电机模块的旋转控制方式如表 4.1.1 所示。

图 4.1.2　直流电机　　　　　图 4.1.3　电机模块

表 4.1.1　电机模块的旋转控制方式

旋转方式	IN1	IN2
正转	高电平	低电平
反转	低电平	高电平
停止	低电平	低电平

注:IN1、IN2 为电机控制信号输入端(可使用 PWM 调速)。

讨论:

请同学说一说怎么实现电机的正反转?

提示:

将电机驱动的"IN1"信号接高电平,"IN2"信号接低电平,电机即可正转。

将电机驱动的"IN1"信号接低电平,"IN2"信号接高电平,电机即可反转。

将电机驱动的"IN1"信号接低电平,"IN2"信号接低电平,电机即可停转。

2. 基础任务——实现风扇自动正反转（难度：★）

（1）任务描述

实现电机正转 2 s，停止 1 s，反转 2 s，停止 1 s，循环运行。

（2）硬件搭建

电机模块与 Arduino 核心扩展板的连接如图 4.1.4 所示。电机模块与 Arduino 核心扩展板的连接接口如表 4.1.2 所示。

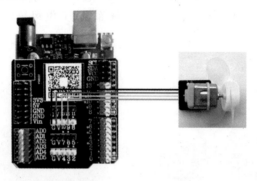

图 4.1.4　电机模块与 Arduino 核心扩展板的连接

表 4.1.2　电机模块与 Arduino 核心扩展板的连接接口

模块	控制器接口	控制说明
电机模块	数字口 9、10	将电机驱动的"IN1"信号接高电平，"IN2"信号接低电平，电机即可正转

（3）程序设计

风扇自动正反转的参考程序如图 4.1.5 所示。

图 4.1.5　风扇自动正反转参考程序

3. 基础任务——使用按钮控制风扇正反转(难度:★★)

(1) 任务描述

按钮按下时,电机正转;按钮松开时,电机反转。

(2) 硬件搭建

电机模块、按钮模块与 Arduino 核心扩展板的连接如图 4.1.6 所示。电机模块、按钮模块与 Arduino 核心扩展板的连接接口如表 4.1.3 所示。

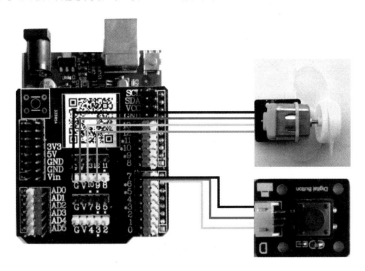

图 4.1.6　电机模块、按钮模块与 Arduino 核心扩展板的连接

表 4.1.3　电机模块、按钮模块与 Arduino 核心扩展板的连接接口

模块	控制器接口	控制说明
电机模块	数字口 9、10	将电机驱动的"IN1"信号接高电平,"IN2"信号接低电平,电机即可正转
按钮模块	数字口 7	按钮按下时输出低电平

(3) 程序设计

使用按钮控制风扇正反转的工作流程如图 4.1.7 所示。使用按钮控制风扇正反转的参考程序如图 4.1.8 所示。

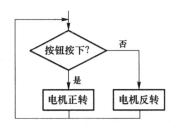

图 4.1.7　使用按钮控制风扇正反转的工作流程

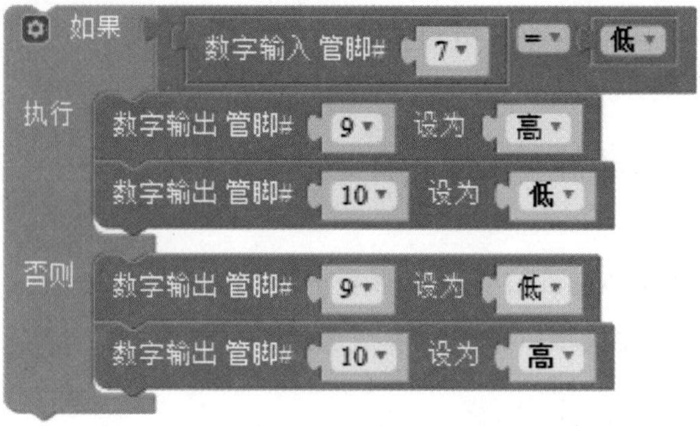

图 4.1.8　使用按钮控制风扇正反转的参考程序

 拓展提升 （难度：★★★）

任务描述：利用电机正反转的工作原理，模拟洗衣机的功能。

任务要求如下。

按下 A 键时，进入洗衣模式：正转 3 s，反转 3 s。

按下 B 键时，进入脱水模式：正转。

按下 C 键时，进入停止模式：电机停转。

拓展提升的程序图片

 课堂评价

创新能力大比拼	★★★	★★	★
创新意识之星			
创新知识之星			
创新思维之星			
创新技能之星			

 课后活动

课后活动 2 的程序图片

（1）上网查找我们日常生活中可以实现变速的机器或设备。

（2）使用三个按钮 A、B、C，要求：按下按钮 A 时，电机正转；按下按钮 B 时，电机反转；按下按钮 C 时，电机停转。

任务背景：小羚羊的愁容终于舒展开了一些，但是风扇转动得还是太慢了，带来的只有微弱的凉风。请帮帮小羚羊，让风扇转动得更快一些。

任务 2　速度调节器

自动扶梯（如图 4.2.1 所示）是公共场所运送乘客的典型设备，在商场、宾馆、机场、车站等场所已被广泛使用。以前的自动扶梯无人乘坐时，会一直全速运行，这造成了电能大量浪费。

目前，已设计出一款节能变速自动扶梯。当有人乘坐时以正常速度运行，而当无人乘坐时以非常缓慢的速度运行，甚至停止运行。那么电梯的速度是怎么进行调节的呢？电机的转动速度是怎么控制的？

图 4.2.1　自动扶梯

在本任务中我们将学习用 PWM 控制电机转动的速度，并且进一步认识电机，掌握驱动控制电机的方法。我们在控制电机转动速度快慢的同时，体验自动化控制的神奇魅力。

学习目标

（1）能控制电机转动速度，并概括出电机调速的工作过程及原理。

（2）在控制电机速度的过程中，总结驱动控制电机的方法。

（3）通过电机调速，体验自动化控制的神奇。

学习内容

1. 电机调速原理

PWM 使用数字手段控制模拟输出，即产生占空比不同的方波（在开与关之间不停切换的信号）来控制模拟输出。Arduino 的数字端口电压输出只有"LOW"与"HIGH"两个状态，对应 0 V～5 V 的电压输出，周期为 PWM 频率的倒数。

图 4.2.2　PWM

控制电机的转动速度时，PWM 模拟值的范围是 0～255，值越大，风扇转动越快。

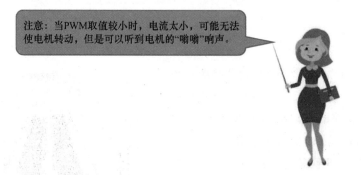

注意：当PWM取值较小时，电流太小，可能无法使电机转动，但是可以听到电机的"嗡嗡"响声。

2. 基础任务——风扇调速（难度：★）

（1）任务描述

实现电机正转，且转动速度由快到慢再到快，切换运行。

（2）硬件搭建

硬件连接如图 4.2.3 所示。硬件间的连接接口如表 4.2.1 所示。

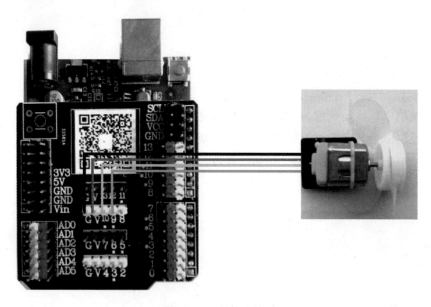

图 4.2.3　硬件连接

表 4.2.1　连接接口

模块	控制器接口	控制说明
电机模块	数字口 9、10	将电机驱动的"IN1"信号接高电平，"IN2"信号接低电平，电机即可正转

（3）程序设计

电机的运动状态由两个引脚决定。固定一个引脚为低，调节另外一个引脚的 PWM 值，以改变电机的速度。风扇调速的工作流程如图 4.2.4 所示。风扇调速的参考程序如图 4.2.5 所示。

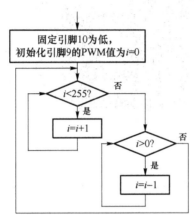

图 4.2.4　风扇调速的工作流程

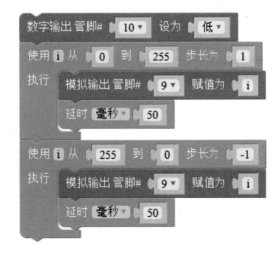

图 4.2.5　风扇调速的参考程序

3. 基础任务——通过按钮控制风扇调速（难度：★★）

（1）任务描述

两人合作，通过按钮控制直流电机，使电机完成转动。当按钮 A 按下时，反转速度快；当按钮 B 按下时，反转速度慢。

（2）硬件搭建

电机模块、按钮模块与 Arduino 核心扩展板的连接如图 4.2.6 所示。电机模块、按钮模块与 Arduino 核心扩展板的连接接口如表 4.2.2 所示。

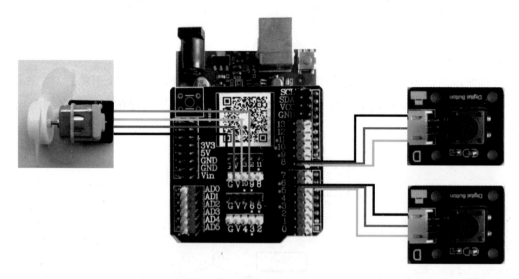

图 4.2.6　电机模块、按钮模块与 Arduino 核心扩展板的连接

表 4.2.2　电机模块、按钮模块与 Arduino 核心扩展板的连接接口

模块	控制器接口	控制说明
电机模块	数字口 9、10	将电机驱动的"IN1"信号接高电平，"IN2"信号接低电平，电机即可正转
按钮模块 A	数字口 6	按钮按下时输出低电平
按钮模块 B	数字口 8	按钮按下时输出低电平

（3）程序设计

通过按钮控制风扇调速的工作流程如图 4.2.7 所示。通过按钮控制风扇调速的参考程序如图 4.2.8 所示。

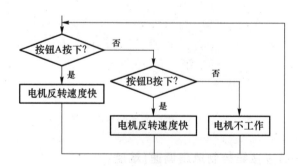

图 4.2.7　通过按钮控制风扇调速的工作流程

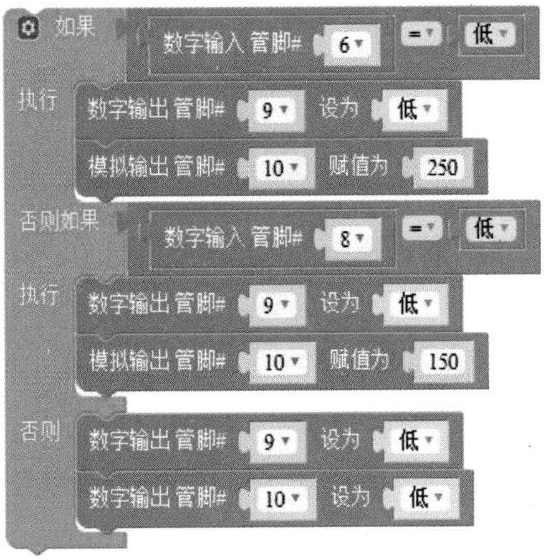

图 4.2.8 通过按钮控制风扇调速的参考程序

牛刀小试:算一算(难度:★)

牛刀小试的计算

假设一部自动扶梯每天运行 10 小时,其中有 5 小时无人乘坐,电动机功率为 7.5 W,这样每年浪费的电能为多少呢?

拓展提升 (难度:★★★)

小组讨论:尝试通过旋钮控制风扇的转速。(提示:可以参照通过旋转角度传感器模块控制 LED 亮度的方法。)

拓展提升的程序图片

课堂评价

创新能力大比拼	★★★	★★	★
创新意识之星			
创新知识之星			
创新思维之星			
创新技能之星			

课后活动

（1）想一想，电机调速还可以用在哪里呢？

（2）结合所学知识想一想，如何实现电机快速正转 10 s 后再慢速反转 10 s？

课后活动 2 的程序图片

任务背景：妈妈告诉小羚羊可以尝试切换不同挡位，调节风扇转动的速度，这可把小羚羊乐坏了！

任务3 速度的阶梯

"速度的阶梯"是本项目的第三个任务名称。通过之前的学习，我们已经掌握了驱动控制电机的方法，学习了按钮模块和相关编程方法，能够简单地控制风扇。其实，控制风扇还有其他方法，在本任务中我们一起来学习风扇的换挡。学习者可以在制作换挡风扇（如图4.3.1所示）的过程中发现新的问题，激发探究的兴趣，获得成就感。

图4.3.1 换挡风扇

学习目标

（1）能描述什么是变量，学会变量累加的方法。

（2）能说出定义数据类型，并能概括出赋值语句的应用方法。

（3）在制作换挡风扇的过程中，体验问题解决后获得的成就感。

课前互动（难度：★）

请同学们描述一下家里电风扇挡位切换的过程。提示：描述家里风扇三挡切换的过程。

学习内容

1．变量

按钮按下的次数不同，风扇的挡位也不同，那它到底是如何记录我们按钮按下的次数呢？回想一下，要实现挡位的切换，是否需要记录按钮按下的次数、存储挡位信息呢？

图 4.3.2　教室的开关

以教室的开关（如图 4.3.2 所示）为例，"开关按钮按一下，灯开；再按一下，灯灭"的时候，如何记录按钮按下的过程呢？

这里我们需要引入一个变量来记录按钮按下的次数，即实现挡位信息的存储。但是，这里的变量显然是不同于 LED 模块中用到的，那里是逻辑变量，只有 0 和 1 两种值，而这里的值更多，我们使用的是模拟变量。例如，对于模拟变量 a，当变量 $a=0$ 时为空挡；当 $a=1$ 时为一挡；当 $a=2$ 时为二挡；当 $a=3$ 时为三挡。

2. 计数器

计数也称为数数，也就是指数事物个数的过程。它是重复加（或减）1 的数学行为。其实，计数器就可实现这个功能。

编程中的计数语句如图 4.3.3 所示。

3. 挡位切换

动手算一算：既然我们学习了变量和计数器，那么如何把它们用起来，以实现风扇的挡位切换呢？

在编程中，"％"符号是取余数的符号，请同学们观察图 4.3.4 中几个运算的余数。

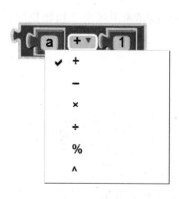

图 4.3.3　计数语句

1%6	1%6=1
2%6	2%6=2
3%6	3%6=3
4%6	4%6=4
5%6	5%6=5
6%6	6%6=6

图 4.3.4　计算余数

从图 4.3.4 可发现,得出的结果是从上到下一个一个递增上去的。我们再继续思考下去:用模拟变量存放次数,假如模拟变量为 a,则 a 为百分号左边的这排数字,而挡位就是等号右边的数字,这样就可以写出如下式子:$(a+1)\%6=$ 挡位。

在我们的编程中可以用两种表达方式,如图 4.3.5 和图 4.3.6 所示。

图 4.3.5　表达方式一

图 4.3.6　表达方式二

4. 基础任务——制作换挡风扇(难度:★★)

(1) 任务描述

制作五挡可调的风扇:按钮每按下一次则风扇的挡位就会增加一挡,当增加到五挡时,按钮再按下时风扇进入空挡。

(2) 硬件搭建

此时电机模块、按钮模块与 Arduino 核心扩展板的连接方法如图 4.3.7 所示。电机模块、按钮模块与 Arduino 核心扩展板的连接接口如表 4.3.1 所示。

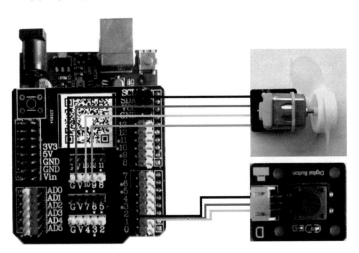

图 4.3.7　电机模块、按钮模块与 Arduino 核心扩展板的连接方法

表 4.3.1　模块与 Arduino 核心扩展板的连接接口

模块	控制器接口	控制说明
电机模块	数字口 9、10	将电机驱动的"IN1"信号接高电平,"IN2"信号接低电平,电机即可正转
按钮模块	数字口 2	按钮按下时输出低电平

（3）程序设计

换挡风扇的工作流程如图 4.3.8 所示。换挡风扇的参考程序如图 4.3.9 所示。

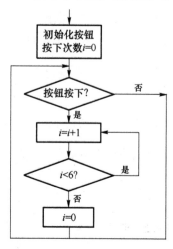

图 4.3.8　换挡风扇的工作流程

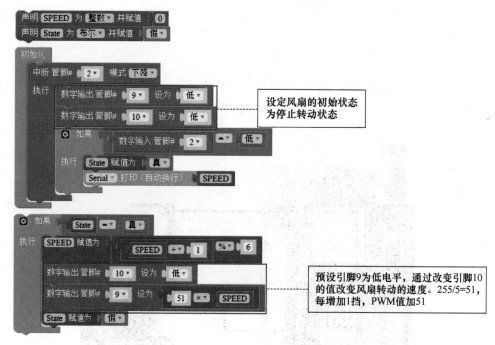

图 4.3.9　换挡风扇的参考程序

5. 基础任务——制作换挡变速风扇（难度：★★★）

（1）任务描述

尝试实现换挡：按钮每按一次，风扇逐渐加挡，直到 2 挡，而后按钮每按一次，风扇逐渐减挡，直到 0 挡，以此循环进行。

（2）硬件搭建

硬件搭建如图 4.3.7 所示。

（3）程序设计

换挡变速风扇的工作流程如图 4.3.10 所示。换挡变速风扇的参考程序如图 4.3.11 所示。

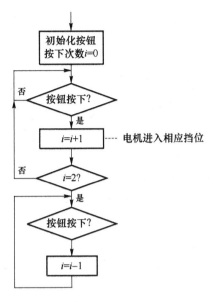

图 4.3.10　换挡变速风扇的工作流程

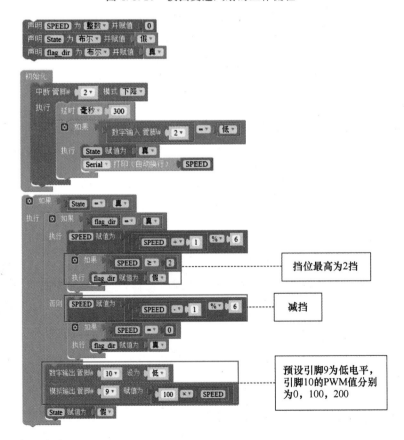

图 4.3.11　换挡变速风扇的参考程序

拓展提升 （难度：★★）

映射：从[a,b]映射到[c,d]，进行线性变换。映射的参考程序如图4.3.12所示。

模拟输入：支持管脚为 A0～A5，取值范围为 0～1 023。

图 4.3.12　映射的参考程序

管脚 10 的值＝模拟输入管脚 A0 的值×(255/1 023)。

那么模拟输入管脚值为 0 或 1 023 时，模拟输出管脚输出是多少呢？

课堂评价

创新能力大比拼	★★★	★★	★
创新意识之星			
创新知识之星			
创新思维之星			
创新技能之星			

课后活动

（1）制作一个带开关的变速呼吸灯。

（2）制作一个进阶版按钮可调灯：按钮和旋钮同时工作，只有通过按钮开灯后才能通过旋钮调光。

任务背景：小羚羊已经不再觉得炎热难耐了。懂事心细的小羚羊发现妈妈在一旁热得直冒汗。小羚羊想给妈妈送一丝清凉。那么，怎样才能让风扇摇起头来呢？

任务 4　会拒绝的风扇

顾名思义，"会拒绝的风扇"其实就是我们熟知的摇头风扇。风扇究竟是怎么摇头的呢？其实，使风扇摇头的是舵机。舵机在生活中已被广泛应用，如在飞机（如图 4.4.1 所示）、航船、汽车等上应用。

通过前面的学习，我们已经熟练掌握了风扇的基本控制方法，包括控制风扇的转动方向和转动速度。那么本任务的主要任务为：初步接触伺服电机（即舵机），认识舵机的结构及工作过程，并能在编程软件 Mixly 中编写相关程序。通过学习舵机的工作原理以及使用方法，我们将学习制作摇头风扇，感受创客带来的乐趣。

图 4.4.1　飞机

学习目标

（1）能辨别舵机模块，并能说出舵机的工作过程。

（2）能够在 Mixly 软件中编写相关程序，使用按钮模块和舵机模块控制风扇。

（3）在制作摇头风扇的过程中，感受创客带来的乐趣，体验动手制作的成就感。

学习内容

1. 舵机模块

舵机也称伺服电机，是一种位置伺服的驱动器，主要是由直流电机、减速齿轮组、传感器和

控制电路组成的一套自动控制系统。舵机的工作过程是通过发送信号,指定输出轴的旋转角度。标准的舵机有三条控制线,分别是电源线、地线和信号线。舵机的针脚定义为:棕色线接GND;红色线接VCC(5 V);橙色线接信号口。

舵机转动的角度是通过调节 PWM 信号的占空比实现的,在使用过程中可以通过 Arduino 核心扩展板上的 PWM 口控制(数字前带"*")。因为 Arduino 核心扩展板的驱动能力有限,所以当控制 1 个以上的舵机时,需要外接电源。标准 PWM 信号的周期固定为 20 ms(频率为 50 Hz)。对于同一信号,不同牌子的舵机旋转角度会有所不同。使用的舵机模块(如图 4.4.2 所示)的转动角度为 0°～180°,因此舵机模块的最大旋转角度为 180°,如图 4.4.3 所示。

图 4.4.2 舵机模块

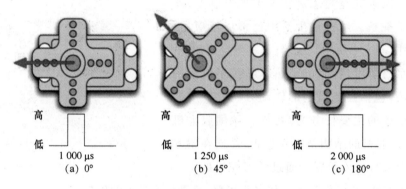

(a) 0° 1 000 μs

(b) 45° 1 250 μs

(c) 180° 2 000 μs

图 4.4.3 舵机模块转动角度示意图

2.【While】循环

制作摇头风扇,需要舵机转动(从 0°到 180°缓慢转动)。就像人走路一样,舵机也是一步一步地转动。我们可以设定一个步长,然后每次累加。可以这样描述,当舵机的角度小于 180°时,设定舵机的转动角度逐渐累加,当旋转到 180°时,舵机的转动角度再一步一步递减到 0°。可见,这里不仅要判断,还要循环,这就需要用到【While】程序,具体程序如图 4.4.4 所示。

图 4.4.4 【While】程序

【While】循环的含义是当条件满足时,重复执行内部语句,直到条件不满足时再跳出循环。

3. 基础任务——制作摇头风扇(难度:★)

(1)任务描述

使用【While】循环实现舵机的转动,要求舵机从 0°缓慢转动到 180°,再由 180°缓慢转动回 0°。

（2）硬件搭建

电机模块、舵机模块与 Arduino 核心扩展板的连接如图 4.4.5 所示。电机模块、舵机模块与 Arduino 核心扩展板的连接接口如表 4.4.1 所示。

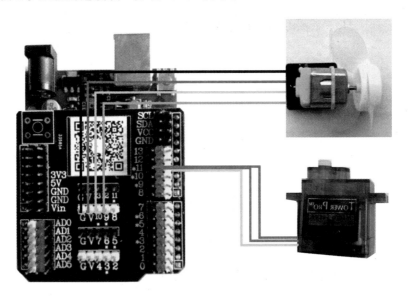

图 4.4.5 电机模块、舵机模块与 Arduino 核心扩展板的连接

表 4.4.1 电机模块、舵机模块与 Arduino 核心扩展板的连接接口

模块	控制器接口	控制说明
电机模块	数字口 9、10	将电机驱动的"IN1"信号接高电平，"IN2"信号接低电平，电机即可正转
舵机模块	数字口 11	转动角度：0°～180°

（3）程序设计

摇头风扇的工作流程如图 4.4.6 所示。摇头风扇的参考程序如图 4.4.7 所示。

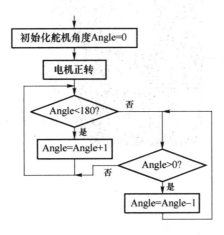

图 4.4.6 摇头风扇的工作流程

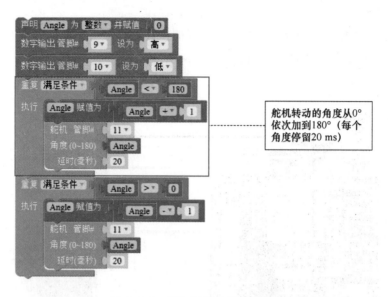

图 4.4.7　摇头风扇的参考程序

4. 基础任务——通过按钮控制摇头风扇（难度：★★）

（1）任务描述

由按钮控制风扇。当按钮按下时，风扇开始左右摇头，周期为 5 s。

（2）硬件搭建

电机模块、舵机模块、按钮模块与 Arduino 核心扩展板的连接如图 4.4.8 所示。电机模块、舵机模块、按钮模块与 Arduino 核心扩展板的连接接口如表 4.4.2 所示。

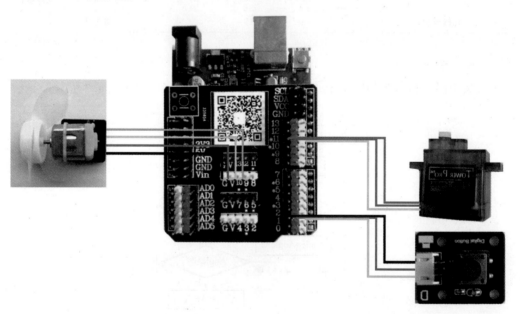

图 4.4.8　电机模块、舵机模块、按钮模块与 Arduino 核心扩展板的连接

表 4.4.2　电机模块、舵机模块、按钮模块与 Arduino 核心扩展板的连接接口

模块	控制器接口	控制说明
电机模块	数字口 9、10	将电机驱动的"IN1"信号接高电平，"IN2"信号接低电平，电机即可正转
舵机模块	数字口 11	转动角度：0°～180°
按钮模块	数字口 2	按钮按下时为低电平

（3）程序设计

通过按钮控制摇头风扇的参考程序如图 4.4.9 所示。

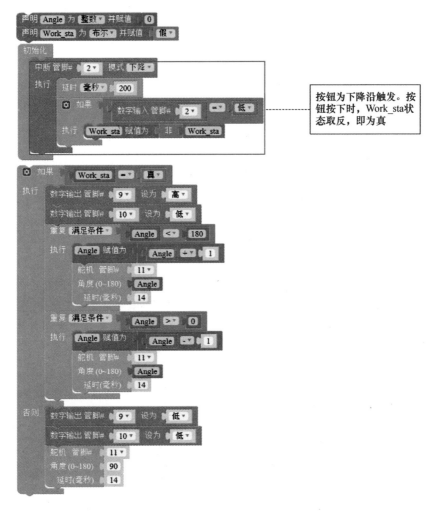

图 4.4.9　通过按钮控制摇头风扇的参考程序

拓展提升　（难度：★★★）

任务描述：结合按钮、舵机和电机实现风扇调挡和摇头的功能。

拓展提升的程序图片

提示:利用一个按钮控制风扇的挡位,再使用另一个按钮控制风扇摇头功能。

一定要动手尝试一下哦!

课堂评价

创新能力大比拼	★★★	★★	★
创新意识之星			
创新知识之星			
创新思维之星			
创新技能之星			

课后活动

设计一种方案,使用其他传感器控制风扇的摇头与转动速度。

任务背景：小羚羊对温度和湿度的变化非常敏感。当温度过低时,小羚羊会感冒,打喷嚏;当湿度过大时,小羚羊总是会起红红的疹子。这可怎么办? 赶快帮小羚羊检测一下家里的温湿度吧!

任务5　智能抽湿机

众所周知,智能抽湿机可以调节环境中的温度和湿度,给人提供清新宜人的健康空气环境。同学们,想一想生活中哪些设备用到了智能抽湿的原理?

我们想到的是四季好伴侣——空调(如图 4.5.1 所示),它让我们生活在一个温度、湿度均适宜的环境中。

那么,在智能抽湿机中起关键作用的部件是什么呢?

在本任务中我们将学习用 DHT11 温湿度传感器进行温度检测。通过学习 DHT11 温湿度传感器和编写程序,我们可以结合电机制作出智能抽湿机,感受到编程的乐趣。

图 4.5.1　空调

学习目标

(1) 能识别 DHT11 温湿度传感器模块,并概括出它的工作原理。

(2) 能够完成 DHT11 温湿度传感器模块与 Arduino 核心扩展板的连接,编写相关程序语句,进行温湿度检测。

(3) 在运用 DHT11 温湿度传感器模块采集环境中的温度和湿度过程中,感受编程的乐趣。

学习内容

1. DHT11 数字温湿度传感器模块

(1) 传感器介绍

我们用到的温湿度传感器模块是 DHT11 数字温湿度传感器模块(如图 4.5.2 所示),它是一款含有已校准数字信号输出的温湿度复合传感器。它使用专用数字模块采集技术和温湿度传感技术,确保产品具有极高的可靠性与卓越的长期稳定性。该传感器模块包括一个电阻式感湿元件和一个 NTC 测温元件,感湿元件与测温元件与一个高性能 8 位单片机相连接。它具有响应速度快、抗干扰能力强、性价比极高等优点。

图 4.5.2　DHT11 数字温湿度传感器模块

传感器模块通过 3P 数字线直插 Arduino 核心扩展板。单线制串行接口使系统集成变得简易快捷,再配合我们提供的代码,可使 DHT11 数字温湿度传感器的信号传输距离能达到 20 m 以上,是各类应用场合的最佳选择。该传感器为 3 脚 PH 2.0 封装,连接方便。

(2)传感器的读取

引脚说明如下。

VDD:供 5 V～5.5 V 的直流电。

DATA:串行数据。

GND:接地或电源负极。

在 Mixly 中,有专门读取 DHT11 温湿度传感器数据的模块,可以选择获取温度和湿度,如图 4.5.3 所示。

图 4.5.3　DHT11 温湿度传感器获取环境中的温度值和湿度值

2. 基础任务——打印环境中的温度值和湿度值(难度:★)

(1)任务描述

读取环境中的温湿度数据,并在串口监视器中显示。

(2)硬件搭建

温湿度传感器模块与 Arduino 核心扩展板的连接如图 4.5.4 所示。温湿度传感器模块与 Arduino 核心扩展板的连接接口如表 4.5.1 所示。

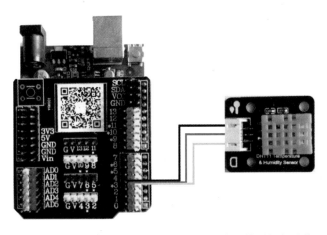

图 4.5.4　温湿度传感器模块与 Arduino 核心扩展板的连接

表 4.5.1　温湿度传感器模块与 Arduino 核心扩展板的连接接口

模块	控制器接口	控制说明
温湿度传感器模块	数字口 4	可以获取温度和湿度

（3）程序设计

打印环境中的温度值和湿度值的参考程序如图 4.5.5 所示。串口监视器视图如图 4.5.6 所示。

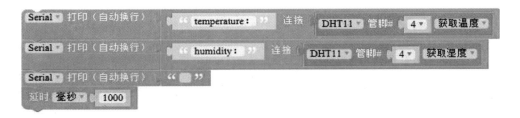

图 4.5.5　打印环境中的温度值和湿度值的参考程序

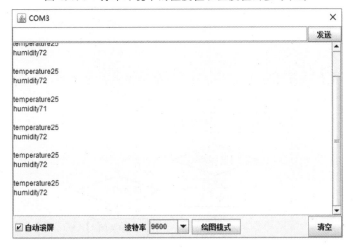

图 4.5.6　串口监视器视图 1

3. 基础任务——制作智能抽湿机(难度:★★)

(1) 任务描述

通过 DHT11 温湿度传感器读取湿度数据来控制排风扇。当湿度大于 90% 时,启动排风机;当湿度低于 75% 时,关闭排风机。(对着传感器哈气,可增加湿度;用风扇对着传感器吹,可降低湿度)。

(2) 硬件搭建

湿温度传感器模块、电机模块与 Arduino 核心扩展板的连接如图 4.5.7 所示。温湿度传感器模块、电机模块与 Arduino 核心扩展板的连接接口如表 4.5.2 所示。

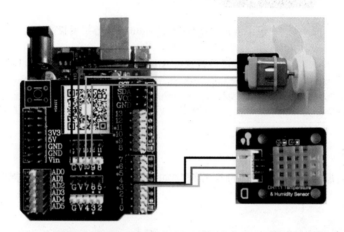

图 4.5.7　温湿度传感器模块、电机模块与 Arduino 核心扩展板的连接

表 4.5.2　温湿度传感器模块、电机模块与 Arduino 核心扩展板的连接接口

模块	控制器接口	控制说明
温湿度传感器模块	数字口 4	可以获取温度和湿度
电机模块	数字口 9、10	将电机驱动的"IN1"信号接高电平,"IN2"信号接低电平,电机即可正转

(3) 程序设计

智能抽湿机的工作流程如图 4.5.8 所示。智能抽湿机的参考程序如图 4.5.9 所示。

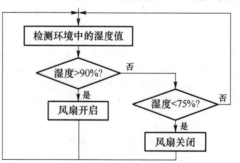

图 4.5.8　智能抽湿机的工作流程

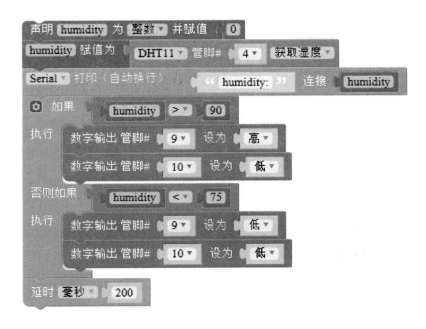

图 4.5.9　智能抽湿机的参考程序

 拓展提升 （难度：★★★）

　　任务描述：在智能抽湿机上用三个按钮设置参数。A 键和 B 键用于加减，C 键为湿度上下限设置键。C 键按下时进行湿度上限设置，通过 A 和 B 键完成数字加减；C 键不按下时默认为湿度下限设置，同样利用 A 和 B 键完成数字加减，并在串口监视器中显示湿度上下限数值。

拓展提升的程序图片

 课堂评价

创新能力大比拼	★★★	★★	★
创新意识之星			
创新知识之星			
创新思维之星			
创新技能之星			

课后活动

烘干机在我们日常生活中十分常见，例如，功能齐全的洗衣机就带有烘干功能。其实烘干机的原理很简单，接下来让我们动手做一台智能烘干机！

课后活动的程序图片

我们制作的智能抽湿机只用到了DHT11温湿度传感器感应湿度的功能，感应温度的功能还未使用。接下来我们将结合DHT11温湿度传感器来制作一台智能烘干机。

任务要求：

当温度小于 30°时，开启 LED（模拟加热）。

当温度大于 40°时，关闭 LED（模拟停止加热）。

当湿度大于 90％时，开启抽湿风机。

当湿度小于 80％时，关闭抽湿风机。

任务背景： 这一天,小羚羊邀请了一群好朋友来家里吹风扇。大家都夸小羚羊家的风扇既实用,又美观。

任务6 风车的领地

"风车的领地"是本项目的第六个任务名称,该任务将树立学习者对人工世界和人机关系的基本观念,帮助学习者以系统分析和比较权衡为核心来筹划创客作品的实现。学习者将基于技术问题进行创新性方案构思,在一系列问题解决的过程中巩固电机、舵机、温湿度传感器等内容,最终采取一定的工艺方法将意念、方案转化为风扇实体,并能够对已有物品进行改进与优化。遥控风扇作品如图4.6.1所示。

图 4.6.1 遥控风扇作品

学习目标

(1) 能从设计的角度理解结构这一概念,了解简单的结构设计内容。

(2) 能根据设计好的每个板面的结构,自主完成遥控风扇的结构搭建。

(3) 能理解结构与功能的关系,熟悉设计一个简单结构应考虑的主要因素。

(4) 能结合实用性和美观度分析作品结构。

学习内容

1. 热身任务——初识结构体(难度:★★)

遥控风扇的主体结构由四部分组成:电机支撑板、顶板、底板和支撑板。

(1) 电机支撑板

如图4.6.2所示,电机支撑板上设有电机模块。其底侧设有舵机连接塑料件和舵机连接塑料件安装孔，可通过螺丝将舵机连接塑料件固定在电机支撑板上。电机支撑板的一侧设有线束穿越区，电机模块的控制线可穿越线束穿越区与核心扩展板连接，可通过螺丝固定孔将电机模块固定在电机支撑板上。

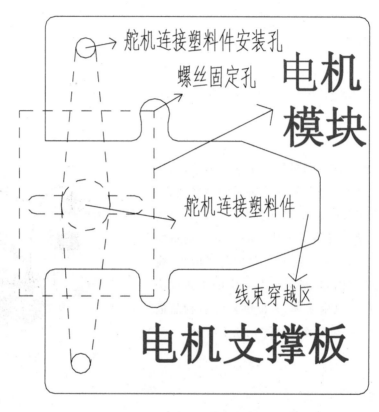

图 4.6.2　电机支撑板的结构

（2）顶板

顶板结构如图 4.6.3 所示，其上设有舵机模块、四个凸块安装孔与螺丝固定孔。四个凸块安装孔用于顶板与内、外支撑板的连接，可通过螺丝将舵机模块、顶板固定在内、外支撑板上。

图 4.6.3　顶板的结构

（3）支撑板

如图 4.6.4 所示，支撑板分为外支撑板和内支撑板。内、外支撑板上端口处与底侧端口处各设有两个凸块与一个螺丝固定孔。螺丝固定孔内设有螺帽,可通过螺丝将内、外支撑板与底板和顶板固定。内、外支撑板上端口处的凸块尺寸与顶板上设有的凸块安装孔尺寸相匹配,该凸块用于支撑板与顶板相连接。内、外支撑板底侧端口处的凸块尺寸与底板上设有的底板安装孔尺寸相匹配,该凸块支撑板用于与底板相连接。在内支撑板上设有数码管模块,在外支撑板上设有红外接收模块,数码管模块与红外接收模块上均设有四个螺丝固定孔,可通过螺丝将模块固定在内、外支撑板上。

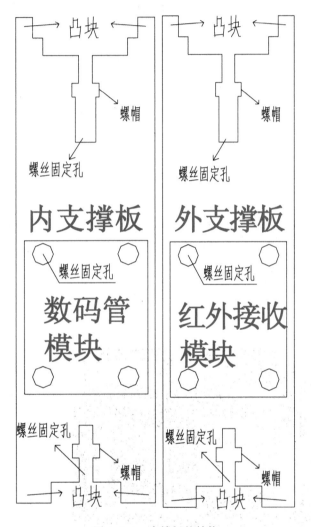

图 4.6.4　支撑板的结构

（4）底板

如图 4.6.5 所示,遥控风扇底板一侧设有用于安装支撑板的底板安装孔和螺丝固定孔,另一侧设有核心扩展板。底板安装孔尺寸与内、外支撑板底侧端口处的凸块尺寸相匹配,该安装孔用于底板与内、外支撑板的连接,可用螺丝通过螺丝固定孔将底板与内、外支撑板固定。核心扩展板边缘设有四个核心扩展板固定孔,上述各面板上固定的模块均通过控制线与核心扩展板相连接。

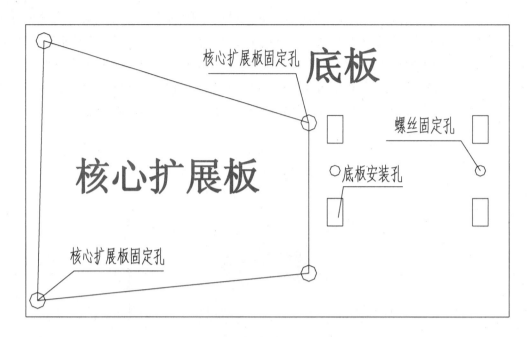

图 4.6.5 底板的结构

2. 基础任务——结构搭建(难度：★★★)

步骤 1：安装 Arduino 核心扩展板。

Arduino 核心扩展板由螺丝贯穿于底板底部，固定在底板上，如图
4.6.6 所示。

遥控风扇安装视频

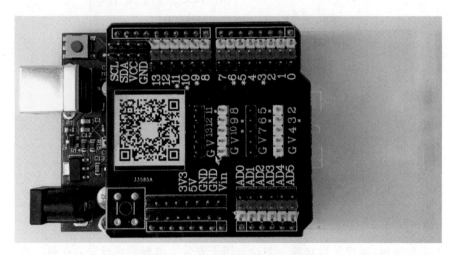

图 4.6.6 Arduino 核心扩展板的安装

步骤 2：安装内、外支撑板。

将两块支撑板通过底板安装孔与底板相连接，使用螺丝通过螺丝固定孔将内、外支撑板固定在底板上，如图 4.6.7 所示。

图 4.6.7　安装内、外支撑板

步骤 3：安装舵机模块和顶板。

首先将舵机模块水平放入内、外支撑板之间，控制线朝外，如图 4.6.8 所示。

图 4.6.8　安装舵机模块

然后将顶板通过凸块安装孔与内、外支撑板相连接，使用螺丝通过螺丝固定孔将顶板固定在内、外支撑板上，并使舵机模块固定牢靠，如图 4.6.9 所示。

图 4.6.9　固定舵机模块

步骤 4：安装电机模块。

首先将电机模块的控制线穿越线束穿越区与核心扩展板连接，使用螺丝通过螺丝固定孔将电机模块固定在电机支撑板上，如图 4.6.10 所示。

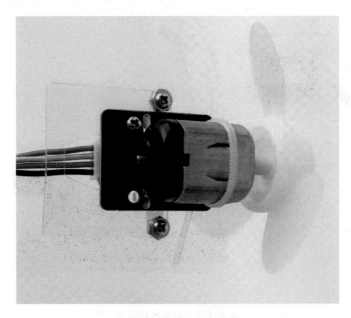

图 4.6.10　安装电机模块

然后用螺丝通过舵机连接塑料件安装孔将舵机连接塑料件固定在电机支撑板上，如图 4.6.11 所示。

图 4.6.11　安装舵机连接塑料件

步骤 5:安装数码管模块和红外接收模块。

使用螺丝通过螺丝固定孔将数码管模块固定在内支撑板上,将红外接收模块固定在外支撑板上,如图 4.6.12 所示。

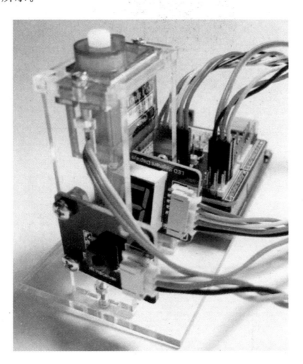

图 4.6.12　安装数码管模块和红外接收模块

步骤 6:固定电机支撑板。

首先将电极支撑板通过舵机连接塑料件与舵机模块连接,然后将各模块与 Arduino 核心扩展板的引脚相连,连接接口如表 4.6.1 所示。安装完成的成品如图 4.6.13 所示。

表 4.6.1　遥控风扇的连接端口分配表

模块	控制器接口
红外接收模块	数字口 2
电机模块	数字口 9、10
数码管模块	数字口 5、6、7
舵机模块	数字口 3

图 4.6.13　成品示意图

本任务已经完成了，接下来我们让小风扇工作起来，给小羚羊送去夏日的清凉。

课堂评价

　　请从操作性能、形态等几个角度对遥控风扇进行评价，在"程度评价"栏中标注相应的程度高低，在"评价说明"栏中填写自己的主观感受。

评价角度	程度评价	评价说明
操作性能好	低　　　　　　　中　　　　　　　高	
形态新颖	低　　　　　　　中　　　　　　　高	
牢固可靠	低　　　　　　　中　　　　　　　高	
人机因素	低　　　　　　　中　　　　　　　高	
环境因素	低　　　　　　　中　　　　　　　高	
易维护	低　　　　　　　中　　　　　　　高	

 课后活动

小组讨论:能不能设计出更好的结构来完成遥控风扇的外壳连接。

任务背景：小羚羊的妈妈把电风扇放到了一个很难拿到的角落，小羚羊还没长那么高，没办法触碰电风扇的开关。聪明的小羚羊找来了红外遥控器，通过红外遥控器来控制电风扇，这下问题全解决啦！

任务 7　凉意散播者

图 4.7.1　遥控风扇工作图片

通过前面的学习，我们对风扇的基本操作有了深入的了解，能够用温湿度传感器模块控制风扇的运转，用按钮模块改变风扇转动的速度。在本任务中我们将完成本项目的最后一个任务：制作遥控风扇。我们将学习红外遥控套件的工作原理及使用方法，掌握红外遥控器的解码方法。在对人、社会、环境的影响进行理性分析的基础上，我们将结合换挡、摇头等功能的实现方法，完成遥控风扇的制作。

学习目标

（1）能概括红外遥控套件的工作原理，并能利用红外遥控套件制作遥控风扇。

（2）能说出字符串的比较方法及红外遥控器的解码方法。

（3）在制作遥控风扇的过程中，体验动手实践的快乐。

学习内容

1. 红外遥控套件

（1）红外遥控套件介绍

现实世界的大多数遥控器都是红外的，如电视机遥控器、机顶盒遥控器、空调遥控器等。任何一个遥控系统都由两部分组成：发射器和接收器。我们用到的红外遥控套件如图 4.7.2

所示,红外遥控器有 20 个按钮,红外接收头针脚的定义为:黄线接数字接口;红线接 VCC;黑线接 GND。

（2）红外遥控器的解码

工作时,红外遥控器向红外接收头发射信号,红外接收头接收到信号之后,先分析出红外遥控器发射信号的按钮是哪个,然后根据此按钮的命令做出反应。红外遥控器的每个按钮都有相应的键值,使用之前需要先获取红外遥控器的键值,也就是对红外遥控器进行解码。

（3）串口监视器

遥控器上的每个按钮都有一个特定的 16 进制代码,我们可以用串口监视器读取按钮对应的代码值,对应程序如图 4.7.3 所示。

图 4.7.2　红外遥控器套件

图 4.7.3　读取按钮对应代码值的参考程序

将上述程序编译,上传,打开串口监视器。串口监视器界面如图 4.7.4 所示。串口监视器接收界面如图 4.7.5 所示。

图 4.7.4　串口监视器界面

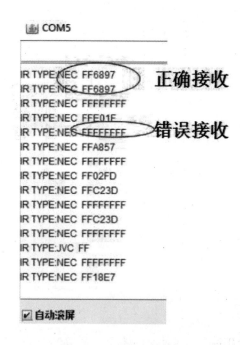

图 4.7.5　串口监视器接收界面

2. 基础任务——利用串口监视器打印遥控器的键值(难度:★)

（1）任务描述

利用串口监视器获取红外遥控器的键值,并完成表 4.7.1。

利用串口监视器获取的红外遥控器的键值

表 4.7.1　遥控器字符键值对应表

遥控器字符	键值	遥控器字符	键值
⏻		C	
MENU		1	
TEST		2	
+		3	
↩		4	
⏮		5	

续　表

遥控器字符	键值	遥控器字符	键值
▶		6	
▶▶▶		7	
0		8	
—		9	

（2）硬件搭建

红外接收模块与 Arduino 核心扩展板的连接如图 4.7.6 所示。红外接收模块与 Arduino 核心扩展板的连接接口如表 4.7.2 所示。

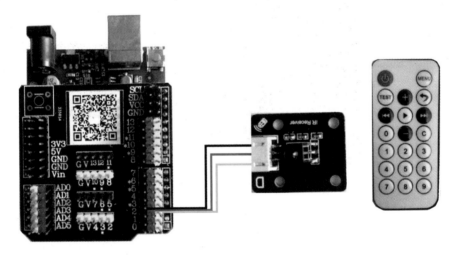

图 4.7.6　红外接收模块与 Arduino 核心扩展板的连接

表 4.7.2　红外接收模块与 Arduino 核心扩展板的连接接口

模块	控制器接口	控制说明
红外接收模块	数字口 3	接收红外遥控器数据

（3）参考程序

利用串口监视器打印摇控器键值的参考程序如图 4.7.7 所示。

图 4.7.7　利用串口监视器打印遥控器键值的参考程序

3. 基础任务——制作遥控风扇(难度:★★)

(1)任务描述

通过红外遥控器控制电机速度,数字 0 和 9 对应风扇最大速度的 0% 和 90%。

(2)硬件搭建

红外接收模块、电机模块与 Arduino 核心扩展板的连接如图 4.7.8 所示。红外接收模块、电机模块与 Arduino 核心扩展板的连接接口如表 4.7.3 所示。

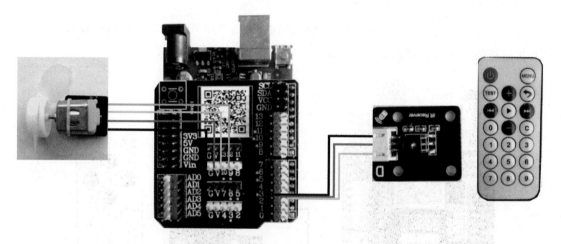

图 4.7.8　红外接收模块、电机模块与 Arduino 核心扩展板的连接

表 4.7.3　红外接收模块、电机模块与 Arduino 核心扩展板的连接接口

模块	控制器接口	控制说明
红外接收模块	数字口 3	接收红外遥控器数据
电机模块	数字口 9、10	将电机驱动的"IN1"信号接高电平,"IN2"信号接低电平,电机即可正转

(3)程序设计

遥控风扇的参考程序如图 4.7.9 所示。

注意:在编写程序时,须在读取的键值前加 0x,代表十六进制数。

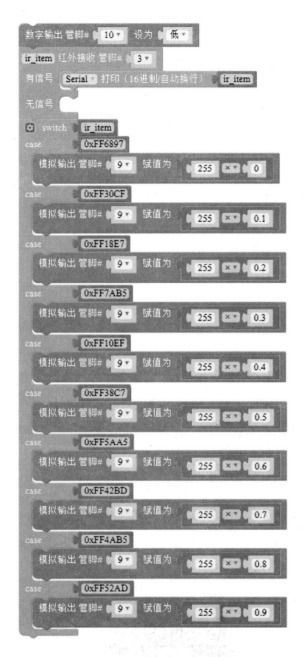

图 4.7.9　遥控风扇的参考程序

4.舵机的精确控制

舵机是一种位置(角度)伺服的驱动器,适用于那些需要角度不断变化并可以保持角度不变的系统。目前在高档遥控玩具上应用广泛,如航空模型、潜艇模型等。

舵机的伺服系统由可变宽度的脉冲来进行控制,控制线是用来传送脉冲的。一般而言,舵机的基准信号周期为 20 ms,宽度为 1.5 ms。不同舵机的最大转动角度可能不相同,但是其中间位置的脉冲宽度是一定的,那就是 1.5 ms,如图 4.7.10 所示。

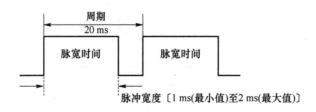

图 4.7.10　舵机脉冲

脉冲的长短决定舵机转动的角度。舵机的控制一般需要一个 20 ms 左右的时基脉冲,该脉冲的高电平部分一般为 0.5～2.5 ms 范围内的角度控制脉冲部分。以 180°角度伺服舵机为例,角度、时间的对应关系如表 4.7.4 所示。每相差 0.1 ms,角度相差 9°。

表 4.7.4　角度、时间的对应关系

角度/°	0	45	90	135	180
时间/ms	0.5	1.0	1.5	2.0	2.5

5. 提高任务(难度:★★★)

(1)任务描述

遥控风扇可实现三挡挡位切换,并能摇头。遥控器字符和风扇功能对应表如表 4.7.5 所示。

表 4.7.5　遥控器字符和风扇功能对应表

遥控器字符	C	1	2	3	0
功能	空挡	一挡	二挡	三挡	摇头

(2)硬件搭建

红外接收模块、电机模块、数码管模块、舵机模块与 Arduino 核心扩展板的连接如图 4.7.11 所示。红外接收模块、电机模块、数码管模块、舵机模块与 Arduino 核心扩展板的连接接口如表 4.7.6 所示。

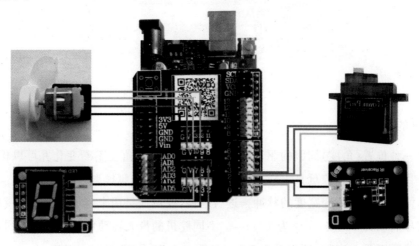

图 4.7.11　红外接收模块、电机模块、数码管模块、舵机模块与 Arduino 核心扩展板的连接

表 4.7.6　红外接收模块、电机模块、数码管模块、舵机模块与 Arduino 核心扩展板的连接接口

模块	控制器接口	控制说明
红外接收模块	数字口 2	
电机模块	数字口 9、10	将电机驱动的"IN1"信号接高电平，"IN2"信号接低电平，电机即可正转
数码管模块	数字口 5、6、7	一个上升沿脉冲送入一位输入数据，高位先入；寄存器时钟上升沿时，将在端口上输出数据，驱动数码管
舵机模块	数字口 3	转动角度：0°～180°

（3）程序设计

① 主流程

主流程的参考程序如图 4.7.12。

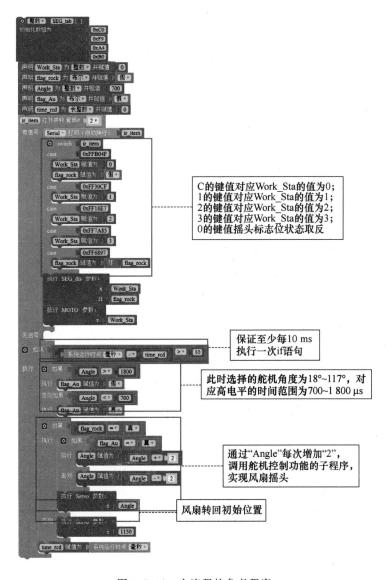

图 4.7.12　主流程的参考程序

② 数码显示功能

数码显示参考程序如图 4.7.13 所示。

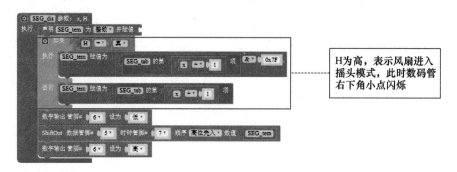

H为高，表示风扇进入摇头模式，此时数码管右下角小点闪烁

图 4.7.13　数码显示参考程序

③ 风扇换挡切换功能

风扇换挡参考程序如图 4.7.14 所示。

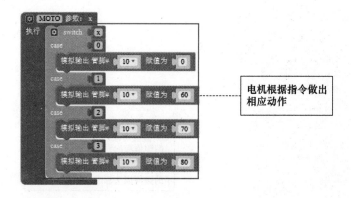

电机根据指令做出相应动作

图 4.7.14　风扇换挡参考程序

④ 风扇摇头功能

风扇摇头参考程序如图 4.7.15 所示。

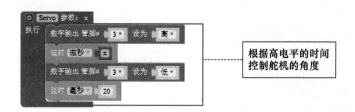

根据高电平的时间控制舵机的角度

图 4.7.15　风扇摇头参考程序

课堂评价

创新能力大比拼	★★★	★★	★
创新意识之星			
创新知识之星			
创新思维之星			
创新技能之星			

项目五　财富管理者——电子储蓄罐

电子储蓄罐和其他玩具不同,它身上有一道狭长的口子,人们可以将硬币塞进去储存起来。时间一长,电子储蓄罐的肚子里装满了硬币。钱多了,储蓄罐忽然变得骄傲起来,开始瞧不起其他玩具了。

布娃娃的花裙子旧了,她对储蓄罐说:"我想买条新裙子,穿上一定很好看。"储蓄罐傲慢地说:"走开!我的钱可不是用来给你买裙子的。"布娃娃伤心地哭了。

赛车的一个轮胎坏了,他对储蓄罐说:"我想换一个新轮胎,那样又能参加比赛了!"储蓄罐不屑地说:"别烦我!你能不能参加比赛跟我没关系!"赛车也生气地走开了。

玩具们觉得储蓄罐太自以为是了!于是,大伙儿都远远地离开了储蓄罐,谁也不愿意和储蓄罐做朋友。我们能不能帮助储蓄罐克服骄傲与吝啬呢?

任务介绍

电子储蓄罐工作视频

本项目是跨领域、跨科目的综合性项目。在项目开始时,随机组成的项目小组将面临第一个任务:完成数码管的跑马灯效果。学习者应抓取重点词语"跑马灯",并对此现象发出疑问:什么是跑马灯以及如何让数码管显示呈现跑马灯效果。接着学习者应结合舵机模块、灰度传感器模块、蜂鸣器模块和红外遥控套件等,迭代深入探讨,理解电子储蓄罐的工作过程,完成电子储蓄罐的制作。

核心素养

1. 技术意识

(1)理解生活中的跑马灯效果,感受生活中微弱颜色的变化,理解光线反射的基本概念,建立技术与日常生活的有机联系。

（2）能感知灰度变化，把握灰度传感器的基本性质，并能围绕红外遥控储蓄罐这一内容对人、社会和环境的影响做出一定的理性分析。

2．工程思维

（1）能认识项目的多样性和复杂性，能运用系统分析的方法，并能感悟电子储蓄罐的整体结构和制作过程。

（2）能对数码管的跑马灯效果进行分析学习，能利用灰度传感器进行不同灰度识别的测验，并能准确地观测记录。

3．创新设计

（1）能在完成数码管循环计数、灰度传感器采集灰度值、遥控密码设定等指定任务的基础上，发现市场上在售储蓄罐的功能问题，并构思出一整套可行方案。

（2）针对制作中发现的问题，能综合各方面因素进行评价分析和提出改进建议，并能动手实践。

4．图样表达

（1）能够识读任务的硬件电路连接图样、电子储蓄罐结构实现图样。

（2）能用技术语言实现有形与无形、抽象与具体的思维转换。

5．物化能力

（1）理解数码管循环计数、灰度传感器采集灰度值、遥控密码设定等的工作原理，能将其与生活中的应用有机联系。

（2）能根据任务要求，独立完成电子储蓄罐的成型制作、装配及测试，具有较强的动手实践与创造能力。

（3）通过电子储蓄罐项目的完成，获得一定的操作经验和感悟。

本项目采用的模块清单

Arduino核心扩展板

数据线

数码管模块

舵机模块

红外遥控器套件

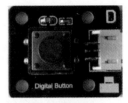

按钮模块

蜂鸣器模块

灰度传感器模块

任务背景: 在储蓄罐肚子空空的时期,他一点儿也没有骄傲的毛病,那时候的他可勤快了! 作为一个优秀的储蓄罐,最基本的技能就是能够精确地数数,不能有一点偏差。

任务1　优秀的小会计

　　小时候,我们总想在大肚子的储蓄罐(如图 5.1.1 所示)里存很多很多钱。可是当我们往里面投放很多硬币的时候,还要一个个去计数,这样太麻烦了,所以我们幻想着有一个自己会数钱的储蓄罐……现在我们自己动手就能做出一个这样神奇的储蓄罐,这个储蓄罐可通过数码管显示投放的硬币数,而且还能循环显示。在这个任务中,我们将学习实现数码管的走马灯效果的方法以及通过按钮控制数字循环显示的内容,下面就让我们进入这个神奇储蓄罐的探索之旅!

图 5.1.1　储蓄罐

学习目标

(1) 认识数码管模块,掌握数码管模块的工作原理。

(2) 能够完成数码管模块、Arduino 核心扩展板与按钮模块的端口连接。

(3) 理解循环的含义。

(4) 掌握数码管数字循环显示的程序逻辑。

学习内容

1. 走马灯

走马灯又称跑马灯(如图 5.1.2 所示),是我国特色工艺品,亦是传统节日玩具之一,常见

图 5.1.2　传统走马灯

于除夕、元宵、中秋等节日中。在过去,走马灯一般在春节等喜庆的日子里才表演,表演队伍由 20 个 11～14 岁小孩组成,他们边唱边跳,并根据节奏快慢组成不同阵势,这有喜庆、丁财两旺、五谷丰登的寓意。

在灯内点上蜡烛,蜡烛燃烧产生的热力形成气流,这个气流会让轮轴转动起来。轮轴上有剪纸,烛光将剪纸的影子投射在屏上,图像便不断在走动。因为多在灯的各面上绘制古代武将骑马的图画,所以灯转动时看起来好像是几个人在你追我赶,故名走马灯。

在任务 1 中,数码管循环显示数字的效果就像走马灯的效果一样。

2. 循环

循环是指事物有规律地、周而复始地运动或变化,特指运行一周而回到原处,意思是转了一圈又一圈,一次又一次地循回,或者说是反复地连续做某一件事情。

走马灯周而复始地运转就是一种循环,每循环一次就是完成一个周期。数码管的走马灯效果就是指一种数字的循环效果,数码管依次循环显示数字 0～9,0～9 就是一个循环周期。数字循环示意图如图 5.1.3 所示。

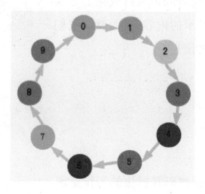

图 5.1.3　数字循环示意图

3. 基础任务——实现数码管的走马灯效果(难度：★)

（1）任务描述

数码管依次循环显示数字 0～9(在数字 9 后显示数字 0,开启新一轮循环显示),每个数字的显示时间为 0.5 s。

（2）硬件搭建

数码管模块与 Arduino 核心扩展板的连接如图 5.1.4 所示。数码管模块与 Arduino 核心扩展板的连接接口如表 5.1.1 所示。

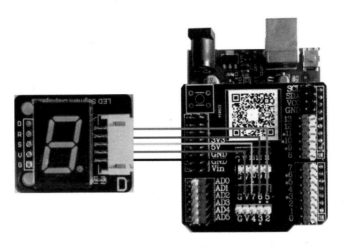

图 5.1.4 数码管模块与 Arduino 核心扩展板的连接

表 5.1.1 数码管模块与 Arduino 核心扩展板的连接接口

模块	控制器接口	控制说明
数码管模块	数字口 5、6、7	一个上升沿脉冲送入一位输入数据,高位先入; 寄存器时钟上升沿时,将在端口上输出数据,驱动数码管

（3）程序设计

实现数码管的走马灯效果的工作流程如图 5.1.5 所示。实现数码管的走马灯效果的参考程序如图 5.1.6 所示。

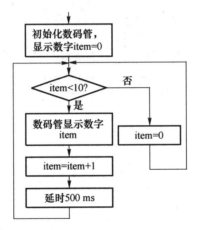

图 5.1.5 实现数码管的走马灯效果的工作流程

4. 基础任务——通过按钮控制数字循环显示(难度:★★)

（1）任务描述

数码管初始显示数字 0,按钮每按下一次,显示数字加 1 并进行计数。计数到 9 时,再按下按钮的话,数码管清零,重新开始一轮显示。

（2）硬件搭建

按钮模块、数码管模块与 Arduino 核心扩展板的连接如图 5.1.7 所示。按钮模块、数码管

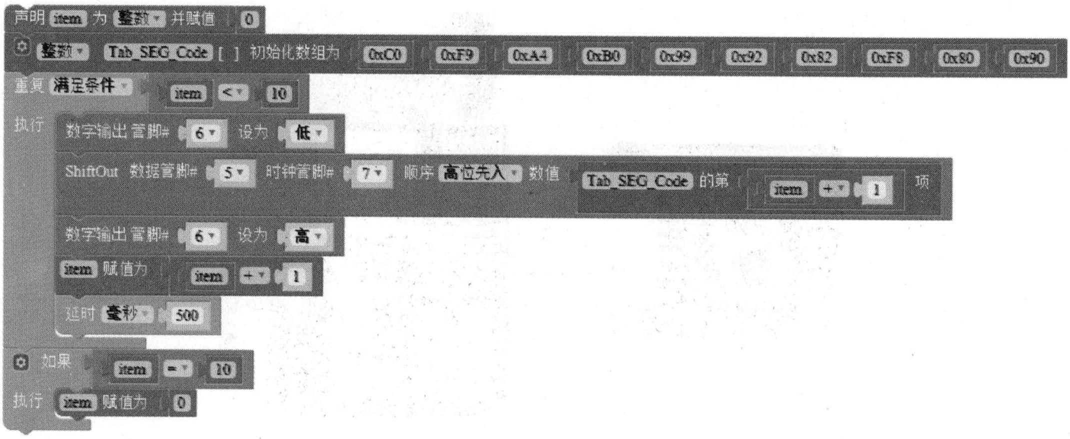

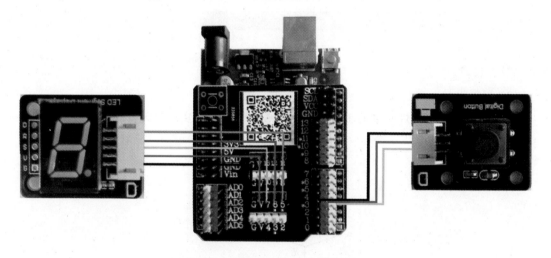

图 5.1.6　实现数码管的走马灯效果的参考程序

与 Arduino 核心扩展的连接接口如表 5.1.2 所示。

图 5.1.7　按钮模块、数码管模块与 Arduino 核心扩展板的连接

表 5.1.2　按钮模块、数码管模块与 Arduino 核心扩展板的连接接口

模块	控制器接口	控制说明
数码管模块	数字口 5、6、7	一个上升沿脉冲送入一位 DS 串行输入数据,高位先入;寄存器时钟上升沿时,将在端口上输出数据,驱动数码管
按钮模块	数字口 4	按钮按下时输出低电平

（3）程序设计

通过按钮控制数字循环显示的工作流程如图 5.1.8 所示。通过按钮控制数字循环显示的
参考程序如图 5.1.9 所示。

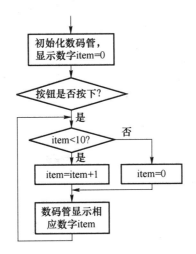

图 5.1.8　通过按钮控制数字循环显示的工作流程

图 5.1.9　通过按钮控制数字循环显示的参考程序

（难度：★★★）

　　在基础任务中，我们已经学会了让数码管循环显示的方法，现在尝试加上蜂鸣器，让按下按钮时伴随着"叮咚"声！

拓展提升的程序图片

一定要动手试一试哦!

课堂评价

创新能力大比拼	★★★	★★	★
创新意识之星			
创新知识之星			
创新思维之星			
创新技能之星			

课后活动

找一找:生活中还有哪些场景用到了走马灯的效果?

任务背景：储蓄罐有令人称赞的优点，这是主人把他买来的最大原因——"眼尖"。光会数数的储蓄罐可不够用，还要能向主人汇报存入钱币的数量，让主人一目了然。

任务 2　眼尖的侦测家

这里有一位厉害的"侦测家"——灰度传感器，这个"侦测家"不仅能分辨从 0%（白色）到 100%（黑色）的亮度值，还能将检测到的不同颜色转换成对应的灰度值。你想成为眼尖的侦测家，敏锐地识别出不同灰度的差别吗？让我们一起努力吧！

"眼尖的侦测家"是本项目的第二个任务名称。通过第一个任务的学习，我们已经感受到小小储蓄罐的魅力。在本任务中，我们将利用灰度传感器和数码管让储蓄罐向主人汇报存入的钱数。在学习之前我

图 5.2.1　循迹小车

们开动小脑筋：有见过循迹小车（如图 5.2.1 所示）吗？小车是如何在固定赛道上驰骋的呢？其实小车里面安装了灰度传感器，并预设了相应灰度值。接下来我们一起来学习灰度传感器！

学习目标

（1）认识灰度传感器的外观，掌握其识别方法和工作原理。

（2）能够通过串口监视器打印灰度值，并进行不同灰度识别，做好测试和记录。

（3）能够利用灰度传感器模块和数码管模块制作报数储蓄罐。

（4）通过团队合作，培养创新意识和实践能力。

学习内容

1. 灰度传感器模块

灰度传感器模块是一种模拟传感器，由红外发射管和红外接收管组成，如图 5.2.2 所示。

图 5.2.2　灰度传感器模块

灰度传感器模块的工作原理:不同灰度的检测面对光的反射程度不同,红外接收管接收到的反射光强度也不同,从而完成对灰度的检测。在有效的检测距离内,红外发射管发出红外光,红外光照射在检测面上,红外接收管检测到反射光线强度,并将其转换为机器人可以识别的信号。

灰度传感器模块可以连接到 Arduino 核心扩展板的模拟口 AD0~AD5 的任一端口。连接时注意传感器模块的接线颜色。

我们常见的比赛机器人一般采用地面灰度传感器,它主要用于检测不同颜色的灰度值,如在灭火比赛中判断门口白线,在足球比赛中判断机器人在场地中的位置,在各种轨迹比赛中循黑线行走等。

2. 基础任务——利用串口监视器打印灰度值(难度:★)

(1)任务描述

读取灰度传感器模块收集到的数据,并打印显示。

(2)硬件搭建

灰度传感器模块与 Arduino 核心扩展板的硬件连接如图 5.2.3 所示。灰度传感器模块与 Arduino 核心扩展板的连接接口如表 5.2.1 所示。

图 5.2.3　灰度传感器模块与 Arduino 核心扩展板的硬件连接

表 5.2.1　灰度传感器模块与 Arduino 核心扩展板的连接接口

模块	控制器接口	控制说明
灰度传感器模块	模拟口 A0	使用时返回数值为 0~1 023,颜色越淡,数值越小,颜色越深,数值越大

（3）程序设计

利用串口监视器打印灰度值的参考程序如图5.2.4所示。

图5.2.4　利用串口监视器打印灰度值的参考程序

3. 基础任务——制作灰度识别计数器（难度：★★）

（1）任务描述

预设灰度值，将数码管初始化（显示数字0）。

当检测到的颜色深（大于预设灰度值）时，数码管往上加1。

（2）硬件搭建

数码管模块、灰度传感器模块与Arduino核心扩展板的连接如图5.2.5所示。数码管模块、灰度传感器模块与Arduino核心扩展板的连接接口如表5.2.2所示。

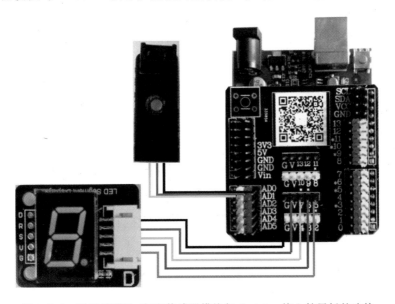

图5.2.5　数码管模块、灰度传感器模块与Arduino核心扩展板的连接

表5.2.2　数码管模块、灰度传感器模块与Arduino核心扩展板的连接接口

模块	控制器接口	控制说明
灰度传感器模块	模拟口A0	使用时返回数值为0~1 023，颜色越淡，数值越小，颜色越深，数值越大
数码管模块	数字口5、6、7	一个上升沿脉冲送入一位输入数据，高位先入；寄存器时钟上升沿时，将在端口上输出数据，驱动数码管

（3）程序设计

灰度识别计数器的工作流程如图 5.2.6 所示。灰度识别计数器的参考程序如图 5.2.7 所示。

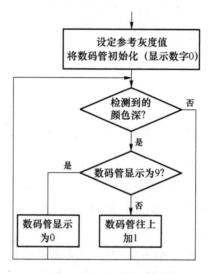

5.2.6　灰度识别计数器的工作流程

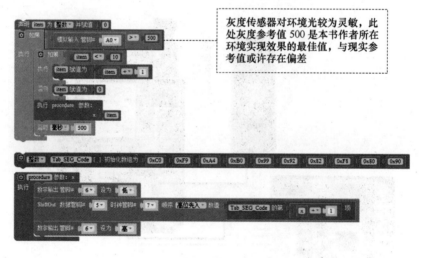

> 灰度传感器对环境光较为灵敏,此处灰度参考值 500 是本书作者所在环境实现效果的最佳值,与现实参考值或许存在偏差

图 5.2.7　灰度识别计数器的参考程序

 拓展提升　（难度：★★★）

在基础任务中加入蜂鸣器模块,要求：

（1）将数码管的初始显示设为 0。

（2）当检测到的颜色深（大于预设值）时,数码管往上加 1,同时蜂鸣器发声。

拓展提升的程序图片

课堂评价

创新能力大比拼	★★★	★★	★
创新意识之星			
创新知识之星			
创新思维之星			
创新技能之星			

课后活动

课后活动程序图片

编写程序:使用灰度传感器检测不同灰度的纸片,并通过串口监视器打印结果。

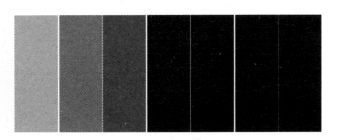

图 5.2.8　不同灰度的纸片

任务背景:储蓄罐的肚子一天比一天鼓,它变得更加精明了。主人日积月累存下来的钱可千万不能被其他人拿走,一定要想一个办法,防止主人的存钱意外丢失。

任务 3 尽职的护卫

如果有一天我们存的钱被别人拿走了,我们该怎么办呢?不用担心,让尽职的护卫来帮助我们!

"尽职的护卫"是本项目的第三个任务名称。通过本任务的学习,我们将会给储蓄罐设一个三位数的密码,只有输入正确的密码,储蓄罐才会打开。有了密码的保护,我们再也不用苦恼钱会被别人拿走了!带密码的储蓄罐如图 5.3.1 所示。

现在就让我们一起学习,一起动手制作具有防盗功能的储蓄罐!

图 5.3.1 带密码的储蓄罐

学习目标

(1)进一步认识智能储蓄罐,了解智能储蓄罐制作的相关内容。

(2)学会运用数码管模块和红外接收模块,能够编写程序,让智能储蓄罐显示不同的数字。

(3)通过制作防盗储蓄罐,感受编程的乐趣,激发继续探究的兴趣。

1. 遥控器与数码管

怎么把红外接收模块检测到的数值和数码管结合呢?

在制作遥控风扇时,我们学过红外遥控器0~9间数字的键值;在制作计时器时,我们学过数码管模块显示0~9数字对应的编码值。如果把键值和编码值对应上,用遥控器来控制数码管的显示就能实现两者的结合。

对哦,那我来试试吧!

遥控器键值与数码管编码值的对应表见表 5.3.1。

表 5.3.1 遥控器键值与数码管编码值的对应表

数值	遥控器键值	数码管编码值	数值	遥控器键值	数码管编码值
0	0xFF6897	0xC0	5	0xFF38C7	0x92
1	0xFF30CF	0xF9	6	0xFF5AA5	0x82
2	0xFF18E7	0xA4	7	0xFF42BD	0xF8
3	0xFF7A85	0xB0	8	0xFF4AB5	0x80
4	0xFF10EF	0x99	9	0xFF52AD	0x90

2. 基础任务——通过遥控器显示数字(难度:★)

(1)任务描述

遥控器按下 0~9 间的任意数字时,数码管上显示相应数字。

(2)硬件搭建

红外接收模块、数码管模块与 Arduino 核心扩展板的连接如图 5.3.2 所示。红外接收模块、数码管模块与 Arduino 核心扩展板的连接接口如表 5.3.2 所示。

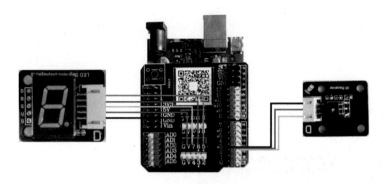

图 5.3.2　红外接收模块、数码管模块与 Arduino 核心扩展板的连接

表 5.3.2　红外接收模块、数码管模块与 Arduino 核心扩展板的连接接口

模块	控制器接口	控制说明
数码管模块	数字口 5、6、7	一个上升沿脉冲送入一位输入数据,高位先入; 寄存器时钟上升沿时,将在端口上输出数据,驱动数码管
红外接收模块	数字口 3	接收红外遥控器数据

（3）程序设计

通过遥控器显示数字的参考程序如图 5.3.3 所示。

图 5.3.3　通过遥控器显示数字的参考程序

3. 进阶任务——实现密码开关(难度:★★)

(1)任务描述

设定一个3位数密码,当遥控输入正确的密码顺序时,舵机旋转90°;当输入错误的密码时,舵机不旋转。

(2)硬件搭建

红外接收模块、数码管模块、舵机模块与Arduino核心扩展板的连接如图5.3.4所示。红外接收模块、数码管模块、舵机模块与Arduino核心扩展板的连接接口如表5.3.3所示。

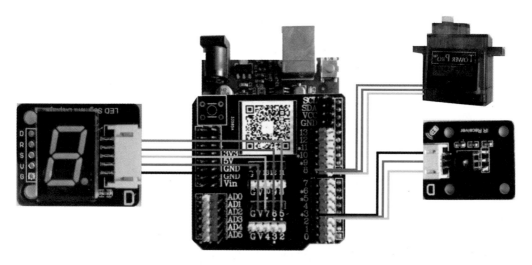

图5.3.4　红外接收模块、数码管模块、舵机模块与Arduino核心扩展板的连接

表5.3.3　红外接收模块、数码管模块、舵机模块与Arduino核心扩展板的连接接口

模块	控制器接口	控制说明
数码管模块	数字口5、6、7	一个上升沿脉冲送入一位输入数据,高位先入; 寄存器时钟上升沿时,将在端口上输出数据,驱动数码管
红外接收模块	数字口3	接收红外遥控器数据
舵机模块	数字口8	转动角度:0°~180°

(3)程序设计

密码开关的工作流程如图5.3.5所示。密码开关的参考程序如图5.3.6所示。

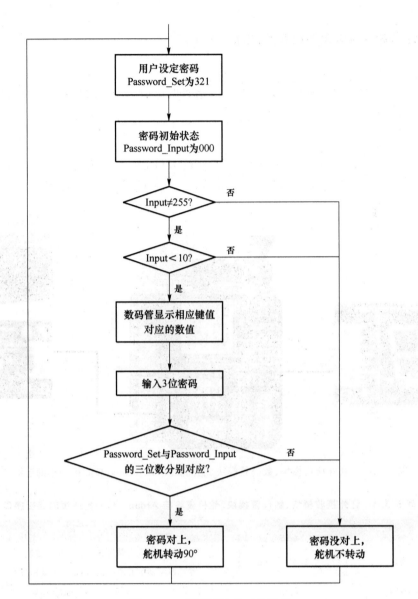

图 5.3.5　密码开关的工作流程

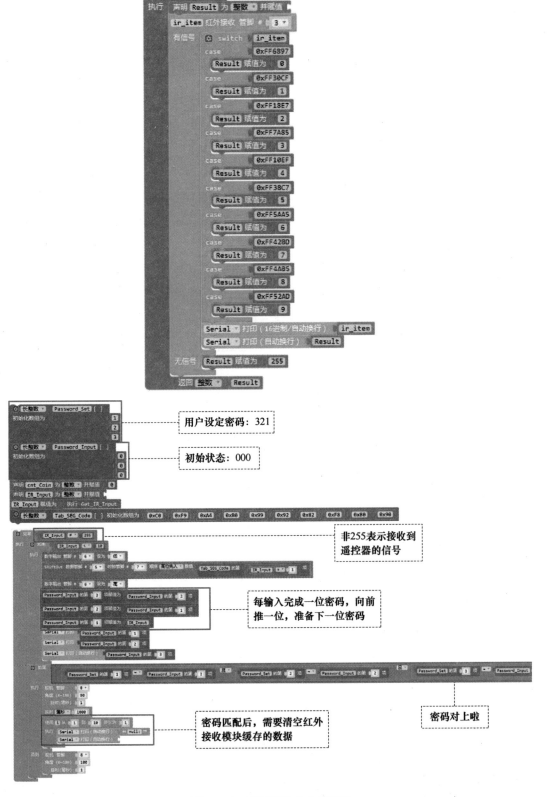

用户设定密码：321

初始状态：000

非255表示接收到遥控器的信号

每输入完成一位密码，向前推一位，准备下一位密码

密码匹配后，需要清空红外接收模块缓存的数据

密码对上啦

图 5.3.6　密码开关的参考程序

拓展提升　（难度：★★★）

请尝试用遥控器来控制其他模块的工作状态，如控制 LED 模块的亮度变化等。

拓展提升的程序图片

课堂评价

创新能力大比拼	★★★	★★	★
创新意识之星			
创新知识之星			
创新思维之星			
创新技能之星			

任务背景：在储蓄罐尽职的守护下，主人的"小金库"中存储硬币的数量非常可观。储蓄罐渐渐变得骄傲起来，他不想待在那个不起眼的角落了。有一天，储蓄罐请求主人为他披上一件漂亮的外衣，伙伴们都羡慕不已。

任务 4 我的小金库

"我的小金库"是本项目的第四个任务名称，该任务将树立学习者对人工世界和人机关系的基本概念，帮助学习者以系统分析和比较权衡为核心来筹划创客作品的实现。学习者可以基于技术问题进行创新性方案构思，在一系列问题解决的过程中巩固数码管显示、蜂鸣器播放、灰度识别等知识，最终采取一定的工艺方法将意念、方案转化为实用的储蓄罐实体，并能够对已有物品进行改进与优化。

图 5.4.1 电子储蓄罐作品

学习目标

（1）了解结构的含义，熟悉设计一个结构需要考虑的主要因素。

（2）理解结构与功能的关系，能把握结构的稳定性和实用性。

（3）能根据设计图样以及安装步骤动手完成电子储蓄罐的外形搭建。

（4）通过对电子储蓄罐外形的欣赏，学会观察结构的实用性和美观性，能从技术和文化的角度欣赏并评价结构。

学习内容

1. 热身任务——初识结构体（难度：★★）

电子储蓄罐的主体结构由底板、正面板、灰度传感器固定板、上顶板、中间隔板、舵机固定板、左侧活动板、右侧固定板、后面板构成。

（1）底板

电子储蓄罐的底板结构如图 5.4.2 所示，其上设有六个凸块安装孔、十个螺丝固定孔、四个舵机固定孔和四个核心扩展板固定孔。凸块安装孔用于底板与正面板、左侧活动板、右侧固定板、后面板的连接，螺丝固定孔配合螺丝和螺帽完成以上结构板的固定，舵机固定孔和 Arduino 核心扩展板固定孔配合螺丝和螺帽分别将舵机固定板和 Arduino 核心扩展板固定在底板上。电子储蓄罐涉及的各个模块均通过控制线与 Arduino 核心扩展板相连接。

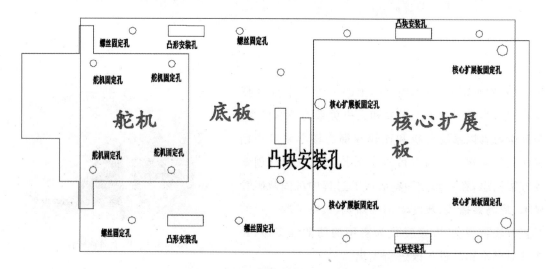

图 5.4.2　电子储蓄罐的底板结构

（2）正面板

如图 5.4.3 所示，正面板的上下端均设有一个凸块和两个螺丝固定孔，凸块用于正面板与上顶板、底板的连接，螺丝固定孔内设有螺帽，通过螺丝可完成正面板与上顶板、底板的固定。正面板的端面上设有三个凸块安装孔与两个螺丝固定孔，凸块安装孔用于正面板与右侧固定板、中间隔板的连接，螺丝固定孔用于正面板与右侧固定板的固定。正面板上安装有红外接收模块与蜂鸣器模块，通过两个模块端面上的螺丝固定孔，配合螺丝和螺帽可将这两个模块固定在正面板上。

（3）灰度传感器固定板

如图 5.4.4 所示，灰度传感器固定板结构上设有一个灰度模块固定孔和一个灰度模块侧面固定孔。灰度模块侧面固定孔配合螺丝和螺帽将灰度传感器模块固定在灰度传感器固定板上。灰度模块固定孔内设螺帽，通过螺丝可将灰度传感器固定板固定于上顶板上。

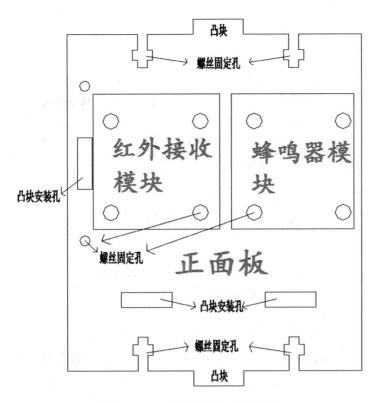

图 5.4.3　电子储蓄罐的正面板结构

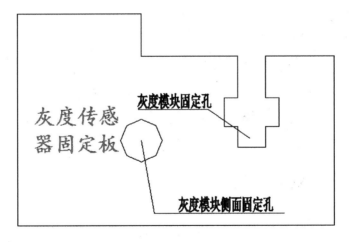

图 5.4.4　灰度传感器固定板的结构

（4）上顶板

如图 5.4.5 所示,在上顶板的端面上安装有数码管模块与灰度传感器模块,在中部设置有投币腰形孔,在边侧安装有铰链,且在端面上共设有六个螺丝固定孔与三个凸块安装孔。在数码管模块上设置有数码管固定螺丝,在灰度传感器模块上设有灰度模块固定孔,采用螺丝螺帽将灰度传感器模块固定于上顶板上。铰链通过铰链固定孔的螺丝和螺帽配合,将上面板与左侧活动板连接。凸块安装孔用于上顶板与前面板、右侧固定板和后面板的连接,螺丝固定孔配合螺丝和螺帽将上顶板与以上结构板固定。

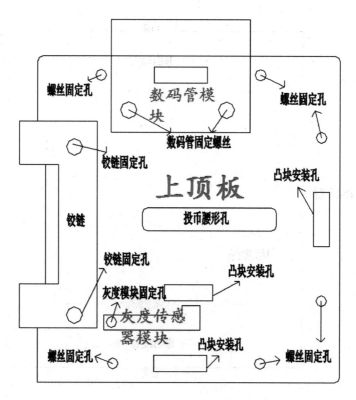

图 5.4.5 上顶板的结构

（5）中间隔板

电子储蓄罐的中间隔板安装于舵机模块上方，其结构如图 5.4.5 所示。中间隔板的边侧共设有六个凸块，这些凸块分别用于中间隔板与正面板、左侧活动板、右侧固定板和后面板的连接。

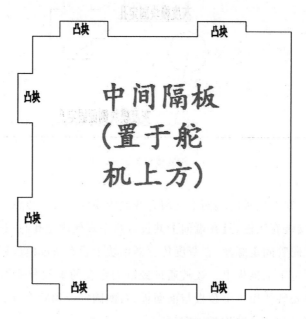

图 5.4.6 中间隔板的结构

（6）舵机固定板

电子储蓄罐的舵机固定板结构如图5.4.7所示，其上设有四个舵机固定孔。舵机固定孔配合螺丝和螺帽，将舵机固定板固定在底板上。按照舵机固定板右侧形状结构，将舵机模块固定于舵机固定板与中间隔板之间。

（7）左侧活动板

如图5.4.8所示，电子储蓄罐的左侧活动板上端设有铰链和铰链固定孔，下端设有卡槽。铰链的铰链固定孔通过螺丝和螺帽配合将上顶板与左侧活动板连接，卡槽用于贯穿舵机模块的桨叶。

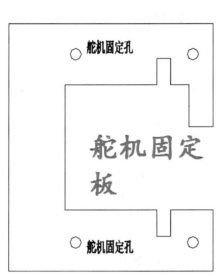

图5.4.7　舵机固定板的结构　　　　　图5.4.8　左侧活动板的结构

（8）右侧固定板

电子储蓄罐的右侧固定板结构如图5.4.9所示，其上设有四个凸块，八个螺丝固定孔以及两个凸块安装孔。凸块用于右侧固定板与上顶板、底板、前面板和后面板的连接，螺丝固定孔内设螺帽，可配合螺丝将右侧固定板与以上结构板固定，凸块安装孔右侧固定板用于与中间隔板的连接。

（9）后面板

电子储蓄罐的后面板结构如图5.4.10所示，其上共设有两个凸块，六个螺丝固定孔以及三个凸块安装孔。凸块用于后面板与上顶板、底板的连接，螺丝固定孔内设螺帽，可配合螺丝用于后面板与上顶板、底板和右侧固定板的固定，右侧凸块安装孔用于后面板与右侧固定板的连接，下方凸块安装孔用于后面板与中间隔板的连接。

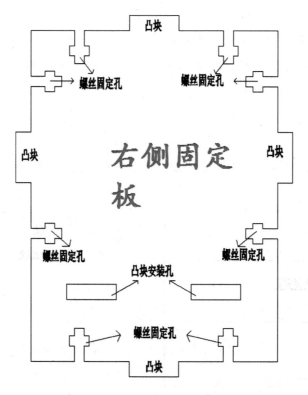

图 5.4.9　右侧固定板的结构

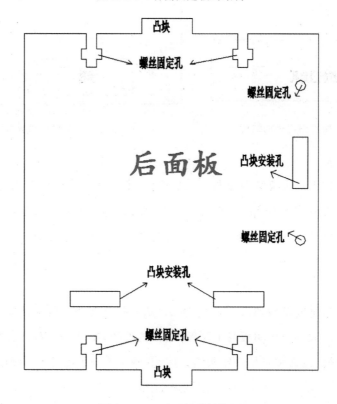

图 5.4.10　后面板的结构图

2. 基础任务——结构搭建(难度：★★★)

步骤1：安装灰度传感器模块。

通过灰度传感器固定板上的侧面固定孔，配合螺丝和螺帽将灰度传 电子储蓄罐组装视频
感器模块固定在灰度传感器固定板上，如图5.4.11所示。

图5.4.11　安装灰度传感器模块

步骤2：固定灰度传感器固定板。

通过凸块安装孔将灰度传感器固定板与上顶板连接，配合螺丝和螺帽将灰度传感器固定板固定在上顶板上，如图5.4.12所示。

步骤3：固定上面板、正面板、右侧固定板、中间隔板和后面板。

首先通过上面板、正面板、右侧固定板、中间隔板和后面板上的凸块安装孔，将以上五块板连接。然后螺丝通过螺丝固定孔将以上板固定，如图5.4.13所示。

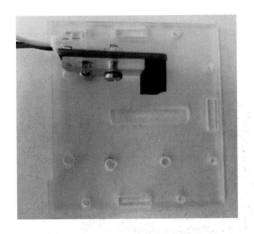

图5.4.12　固定灰度传感器固定板

图5.4.13　固定上面板、正面板、右侧固定板、中间隔板和后面板

步骤4：安装数码管模块。

使用螺丝通过螺丝固定孔将数码管模块固定在上顶板上，如图5.4.14所示。

注意：安装时，需要先将特定的连接螺丝固定在数码管模块上，如图5.4.15所示。

步骤5：安装Arduino核心扩展板、舵机模块。

首先，将Arduino核心扩展板通过螺丝贯穿于底板底部，固定在底板上。然后，根据舵机固定板的形状将舵机模块置于其中，如图5.4.16所示。

图 5.4.14　安装数码管模块

图 5.4.15　将特定连接螺丝固定在数码管模块上

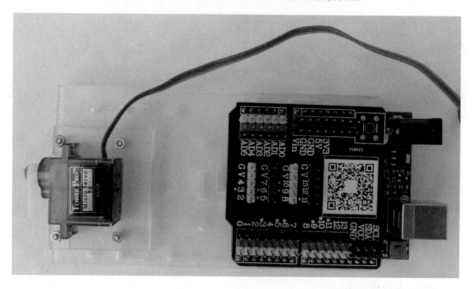

图 5.4.16　安装 Arduino 核心扩展板、舵机模块

步骤 6:安装蜂鸣器模块、红外接收模块。

首先,将图 5.4.14 所示的结构置于底板左侧、舵机模块上方,并通过螺丝和螺帽将其固定于底板上。然后,用螺丝通过螺丝固定孔将蜂鸣器模块和红外接收模块固定在正面板上,如图 5.4.17 所示。

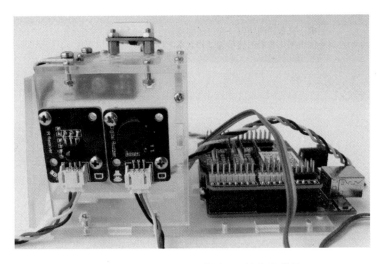

图 5.4.17　安装蜂鸣器模块、红外接收模块

步骤 7:硬件连接。

将各模块与 Arduino 核心扩展板的引脚相连,连接接口如表 5.4.1 所示,完成的电子储蓄罐如图 5.4.18 所示。

表 5.4.1　电子储蓄罐的连接接口分配表

模块	控制器接口
灰度传感器模块	模拟口 A0
蜂鸣器模块	数字口 2
数码管模块	数字口 5、6、7
红外接收模块	数字口 3
舵机模块	数字口 8

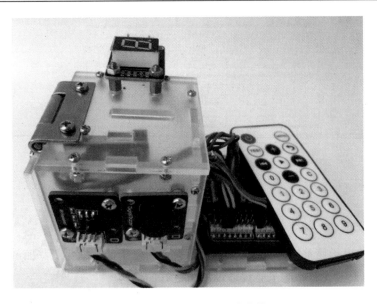

图 5.4.18　完成的电子储蓄罐

电子储蓄罐的精致外壳已经完成，接下来让我们的储蓄罐工作起来吧！

课堂评价

请从操作性能、形态等几个角度对电子储蓄罐进行评价,在"程度评价"栏中标注相应的程度高低,在"评价说明"栏中填写自己的主观感受。

评价角度	程度评价	评价说明
操作性能好	低　　　　　中　　　　　高	
形态新颖	低　　　　　中　　　　　高	
牢固可靠	低　　　　　中　　　　　高	
人机因素	低　　　　　中　　　　　高	
环境因素	低　　　　　中　　　　　高	
易维护	低　　　　　中　　　　　高	

课后活动

(1) 给透明的电子储蓄罐外壳涂上颜色,为我们的电子储蓄罐穿上华丽的"外衣"。

(2) 思考:能否为我们的电子储蓄罐设计出更好的结构?

任务背景： 新年到了，主人把储蓄罐摔成碎片，拿出了里面所有的硬币。这样，所有的玩具都得到了他们想要的东西。如果储蓄罐可以改掉他骄傲、吝啬的坏毛病，就不会被摔碎了。

任务 5　财富管理者

　　成为财富的管理者并不是一件很难的事情，前提是我们有属于自己的储蓄罐。拥有自己的"小金库"是一件幸福的事，想知道如何制作一个属于自己的电子储蓄罐（如图 5.5.1 所示）吗？通过对本任务的学习，相信我们每一个人都可以梦想成真，拥有一个属于自己的电子储蓄罐，成为一位名副其实的"财富管理者"。

图 5.5.1　电子储蓄罐

学习目标

（1）掌握电子储蓄罐的硬件搭建与控制方法，理解电子储蓄罐的制作原理。

（2）在实现电子储蓄罐智能功能的过程中，感受自我创造的乐趣。

1. 蜂鸣器频率

我们知道一个脉冲波形有高电平和低电平，而一个周期 T 就是指完成高电平和低电平所需的时间，如图 5.5.2 所示。

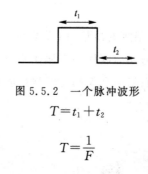

图 5.5.2　一个脉冲波形

$$T = t_1 + t_2$$

$$T = \frac{1}{F}$$

其中，F 为蜂鸣器的频率。

假如你知道了周期，是不是就可以算出频率了呢？试试看，计算高电平维持 $200\,\mu s$、低电平维持 $200\,\mu s$ 的方波频率。

提示：由于蜂鸣器和红外接收模块会同时占用定时器，所以两者不可同时使用。

2. 基础任务——制作电子存钱罐（难度：★★★）

（1）任务描述

电子储蓄罐要能实现如下功能：能检测投入硬币的个数，当投入第九个硬币后从 0 开始新一轮投币计数；取钱时一定要遥控输入设定的密码，当密码成功对上后，储蓄罐方能开启（舵机旋转）。

（2）硬件搭建

灰度传感器模块、蜂鸣器模块、舵机模块、数码管模块、红外接收模块与 Arduino 核心扩展板的连接如图 5.5.3 所示。灰度传感器模块、蜂鸣器模块、舵机模块、数码管模块、红外接收模块与 Arduino 核心扩展板的连接接口如表 5.5.1 所示。

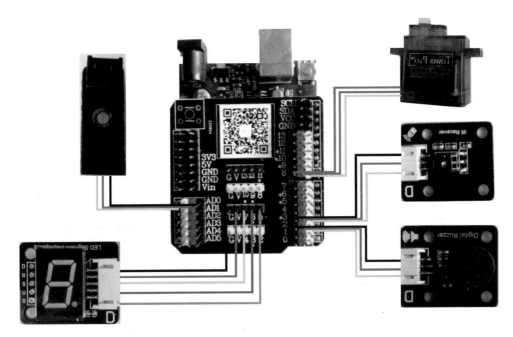

图 5.5.3 灰度传感器模块、蜂鸣器模块、舵机模块、数码管模块、
红外接收模块与 Arduino 核心扩展板的连接

表 5.5.1 灰度传感器模块、蜂鸣器模块、舵机模块、数码管模块、
红外接收模块与 Arduino 核心扩展板的连接接口

模块	控制器接口	控制说明
灰度传感器模块	模拟口 A0	使用时返回数值为 0~1 023,颜色越淡,数值越小,颜色越深,数值越大
蜂鸣器模块	数字口 2	使用无源蜂鸣器,它依靠外部方波信号驱动
舵机模块	数字口 8	转动角度:0°~180°
数码管模块	数字口 5、6、7	一个上升沿脉冲送入一位输入数据,高位先入; 寄存器时钟上升沿时,将在端口上输出数据,驱动数码管
红外接收模块	数字口 3	接收红外遥控器数据

（3）程序设计

① 主流程

每投入 1 个硬币,蜂鸣器鸣叫一次,数码管显示数字加 1。当投入超过 9 个硬币,数码管清零,重新从 0 开始显示。设定三位数密码,当输入密码正确时,储蓄罐开启（舵机转动 90°）。主流程的参考程序如图 5.5.4 所示。

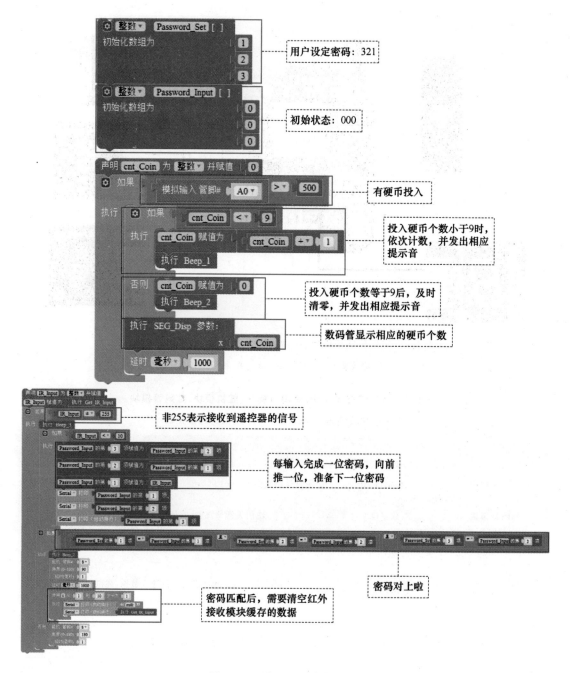

用户设定密码：321

初始状态：000

有硬币投入

投入硬币个数小于9时，依次计数，并发出相应提示音

投入硬币个数等于9后，及时清零，并发出相应提示音

数码管显示相应的硬币个数

非255表示接收到遥控器的信号

每输入完成一位密码，向前推一位，准备下一位密码

密码对上啦

密码匹配后，需要清空红外接收模块缓存的数据

图 5.5.4　主流程的参考程序

② 遥控功能

遥控功能的参考程序如图 5.5.5 所示。

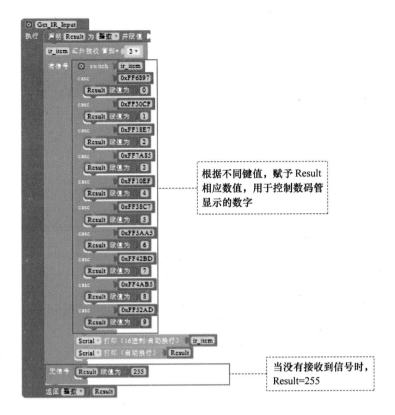

图 5.5.5　遥控功能的参考程序

③ 数码显示功能

数码显示功能的参考程序如图 5.5.6 所示。

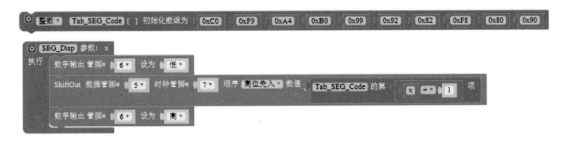

图 5.5.6　数码显示功能的参考程序

④ 提示音功能

• 投入硬币提示音

投入硬币的提示音的参考程序如图 5.5.7 所示。

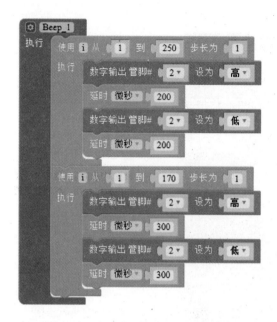

图 5.5.7　投入硬币提示音的参考程序

- 清零提示音

清零提示音的参考程序如图 5.5.8 所示。

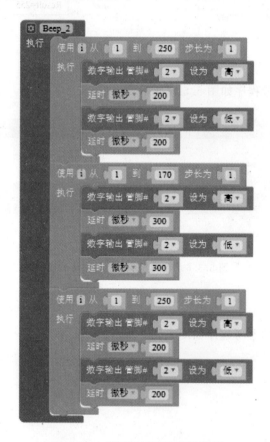

图 5.5.8　清零提示音的参考程序

• 密码输入正确提示音

密码输入正确提示音的参考程序如图 5.5.9 所示。

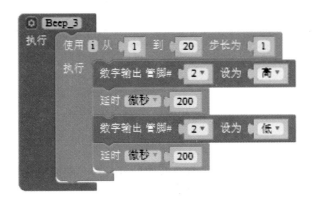

图 5.5.9　密码输入正确提示音的参考程序

课堂评价

创新能力大比拼	★★★	★★	★
创新意识之星			
创新知识之星			
创新思维之星			
创新技能之星			

课后活动

（1）请同学们结合我们学过的那些模块，给电子储蓄罐增加新的功能，让电子储蓄罐更智能、更家居，如通过引入声音传感器模块来制作声控电子储蓄罐。

（2）增加自己电子储蓄罐的储蓄值，当投入超过 99 个硬币，数码管才清零，重新从 0 开始显示。

（3）请为自己的电子储蓄罐设定四位数密码。当输入密码正确时，有密码输入正确提示音，电子储蓄罐开启（舵机转动 90°）。

参 考 文 献

[1]　雒亮,祝智庭.开源硬件:撬动创客教育实践的杠杆[J].中国电化教育,2015(4):7-14.

[2]　傅骞,罗开亮,陈露.面向创客教育普及的 Mixly 图形化编程工具开发[J].现代教育技术,2016(1):120-126.

[3]　谢作如、张禄等.Arduino 创意机器人入门[M].北京:人民邮电出版社,2016:5-17.

[4]　藏下雅之.Arduino+传感器:玩转电子制作[M].北京:人民邮电出版社,2018:20-33.

[5]　刘鹏涛,杨剑.一块面包板玩转 Arduino 编程[M].北京:人民邮电出版社,2018:50-56.

[6]　普拉特.爱上电子学:创客的趣味电子实验[M].李薇濛,译.2 版.北京:人民邮电出版社,2017:6-13.

[7]　曹永忠,许智诚,蔡英德.Arduino 编程教学(入门篇)[M].台湾:渥瑪數位有限公司,2015:15-26.

[8]　程晨.米思齐实战手册 Arduino 图形化编程指南 [M].北京:人民邮电出版社,2017:68-92.

[9]　Hughes J M. Arduino:A Technical Reference:A Handbook for Technicians,Engineers,and Makers [M].[S. l.]:O'Reilly Media,2016:9-16.

[10]　吴永和,仲娇娇.创客教育装备的教学适应性评价研究——以 Arduino 学习套件为例[J].现代教育技术,2018(9):120-126.

[11]　喻帅英.计算思维视域下的创客教学实践——以 Mixly 创客活动课"眼疾手快"为例[J].中小学信息技术教育,2019(6):71-73.

[12]　黄德初,林幸强.创客教育对中小学生信息技术应用能力提升的影响——以"Mixly 电子创意编程"为例[J].教育信息技术,2017(5):12-16.

[13]　张爽.创客教育视域下中小学机器人教学活动设计研究[D].无锡:江南大学,2017:46.

[14]　王美茹.小学智能硬件课程中工程思维培养的行动研究[D].西安:陕西师范大学,2019:56.

[15]　邱金.融合 STEM 的机器人创客教育项目设计与开发研究[D].温州:温州大学,2018:34.

[16]　郭婧远.创客教育中利用有效失败促进学习的研究——以 Arduino 课程为例[D].武汉:华中师范大学,2016:56-60.